AF619619

LA FORÊT VOSGIENNE

SON ASPECT, SON HISTOIRE, SES LÉGENDES

DISCOURS

PRONONCÉ

A LA SÉANCE PUBLIQUE ANNUELLE

DE LA

SOCIÉTÉ D'ÉMULATION DES VOSGES

Le 21 Décembre 1893

PAR

M. Henry BOUR, Membre titulaire

ÉPINAL
IMPRIMERIE VOSGIENNE, 9, RUE DE LA CALANDRE
—
1893

LA FORÊT VOSGIENNE

SON ASPECT, SON HISTOIRE, SES LÉGENDES

DISCOURS

PRONONCÉ

A LA SÉANCE PUBLIQUE ANNUELLE

DE LA

SOCIÉTÉ D'ÉMULATION DES VOSGES

Le 21 Décembre 1893

PAR

M. Henry BOUR, Membre titulaire

ÉPINAL

IMPRIMERIE VOSGIENNE, 9, RUE DE LA CALANDRE

1893

DISCOURS

PRONONCÉ

A LA SÉANCE PUBLIQUE SOLENNELLE

DE LA

SOCIÉTÉ D'ÉMULATION DES VOSGES

LE 21 DÉCEMBRE 1893

par M. Henry BOUR, Membre titulaire

LA FORÊT VOSGIENNE

SON ASPECT, SON HISTOIRE, SES LÉGENDES

MESSIEURS,

Avant d'être votre collègue, je suis votre obligé. Quand, il y a sept ans, je vins débuter dans votre ville, encore inconnu de vous et n'ayant d'autres titres à votre indulgence que mes fonctions de magistrat, vous voulûtes bien m'agréer comme membre de votre Société. Aujourd'hui, que la bonne fortune de ma carrière m'a ramené à Epinal, vous me confiez la tâche flatteuse entre toutes, bien que fort périlleuse, de porter la parole devant vous et de prononcer à la séance solennelle de la Société d'Emulation le discours d'usage. Certes, Messieurs, vous avez acquis à ma gratitude des titres dont je ne serai jamais assez fier et dont je ne saurais trop vous remercier. Ce qui me rassure, c'est la mémoire de l'accueil que je reçus autrefois en cette cité hospitalière ; c'est le souvenir toujours vivant et, depuis mon retour, si heureusement renouvelé, de tant de franches sympathies, de tant de cordiales amitiés. Je fus doublement citoyen d'Epinal : par mes fonctions et par mon adoption ; laissez-moi espérer que désormais, par ma coopération à vos travaux et mon assiduité à vos séances, je mériterai ce droit de bourgeoisie que vous m'avez si gracieusement octroyé.

Mais le plus difficile, Messieurs, n'est pas de vous exprimer ma reconnaissance : c'est de répondre dignement à l'honneur dont vous me comblez aujourd'hui, en ne vous faisant pas trop regretter de m'avoir donné la parole. Aussi, je vous l'avoue, me suis-je senti fort embarrassé tout d'abord pour le choix de mon sujet. Quand j'ai considéré la longue liste des orateurs, mes devanciers, et la richesse de vos Annales, j'ai repensé avec mélancolie au « tout est dit » de La Bruyère « et nous venons trop tard », car à une assemblée comme la vôtre, exclusivement locale, ne convient-il pas d'apporter un sujet local, c'est-à-dire vosgien ?

Quelle est la question intéressant la ville, le département, la région, qui n'ait été développée dans vos Annales avec ce soin, cette conscience, cette compétence, qui font de celles-ci un des recueils les plus autorisés de nos Académies provinciales ? Histoire et géographie, mœurs et légendes, productions naturelles et industrie, beaux-arts, biographie des hommes distingués qu'ont produits notre ville et notre département, souvenirs de tout genre ; parmi tant de sujets, en est-il un seul qui ait échappé à vos investigations, un seul sur lequel vous n'ayez projeté tant de lumière, que si le curieux trouve tout à apprendre dans vos doctes mémoires, le chercheur ne trouve presque plus rien à glaner en dehors ? Il en est un pourtant qu'on peut toujours se risquer à reprendre, parce qu'il dure et se renouvelle tous les jours à travers les générations : c'est le culte de « la forêt vosgienne ».

Supposez, Messieurs, un observateur placé sur quelque pic altier de nós montagnes, d'où son regard pourrait s'abaisser sans obstacles vers les divers points de l'horizon, quels aspects variés, doux et gracieux ou sévères et grandioses, viendraient successivement solliciter son attention, charmer ou éblouir ses yeux ? D'un côté, vers l'Ouest, il apercevrait, une plaine immense, soulevée par quelques ondulations à peine sensibles ; sa vue, doucement caressée, s'arrêterait avec complaisance sur un sol diapré de teintes diverses ; des horizons bas, une nature agréable sans doute, mais de cette beauté un peu monotone et triste qui est celle des pays de grandes plaines, où rien n'arrête et n'étonne le regard. Point de contraste, rien de heurté ; une ligne grise qui se confond avec celle de l'horizon, et cependant cette étendue uniforme, dont la vue ne trouve point le terme, impressionne étrangement, pareille à ces grandes masses d'eau endormies dans leur immobilité, où semble parfois se refléter l'infini.

Ce sont les grandes plaines de Lorraine, richesse et orgueil de nos laboureurs, qui s'ouvrent, ondulent et fuient vers l'horizon.

Mais, que l'observateur se détourne maintenant et regarde vers l'Orient. Quel contraste ! Loin, bien loin et bien haut, entre la terre et le ciel et plus près de celui-ci, une ligne bleuâtre, presque unie, dont on ne distingue ni les dentelures ni les festons, dont l'élégant tracé se confond, les grands jours d'été, avec la blancheur laiteuse du ciel, marque la crête des montagnes puissantes du massif vosgien. Au-dessous, des masses bleues ou noires, suivant les heures de la journée ou les jeux de la lumière, se détachent de la chaîne lointaine, les unes derrière les autres. Elles s'avancent de toutes parts comme une ligne étagée de bastions et de remparts ; semblable à une citadelle gigantesque, leur cercle menaçant borde l'horizon tout entier. Mais en se rapprochant, les croupes menaçantes s'abaissent peu à peu et viennent mourir en légères ondulations dans la plaine riante qui les reçoit.

C'est l'ossature puissante qui, sur une longueur de plus de cent kilomètres, une épaisseur qui en atteint parfois de trente à quarante, sépare deux pays, deux provinces, également belles, sœurs autrefois par leurs vœux et l'accord de leurs cœurs; sœurs encore par l'infortune, bien que les sanglants caprices de la guerre et les fatalités impitoyables du sort les aient rendues presque étrangères l'une à l'autre. Mais, du moins, la nature, en interposant entre elles la barrière énorme de ces montagnes, n'a voulu séparer que deux contrées et, moins barbare que les hommes, n'a point défendu aux cœurs de se chercher.

Si imposante, Messieurs, que soit la montagne, si formidable que paraisse la masse dont elle semble vouloir écraser ce qui gît à ses pieds, quelle que soit la stupeur dont l'homme chétif, qui lève vers elle un regard effaré, reste frappé devant ce géant, elle n'est qu'un froid et dur squelette de granit et de pierre. Dénudée, elle nous surprend encore et reste imposante ; mais, pour gagner nos cœurs, il faut qu'elle se revête de grâce et de beauté. Les Alpes ont beau dresser leurs cimes altières jusque dans la région des neiges éternelles; les Pyrénées offrir à nos étonnements leurs formes bizarres, leurs lacs et leurs cascades, les solitudes glacées de leurs sommets; l'ardent soleil du midi a beau verser sur elles la poussière d'or de ses rayons, leurs flancs dégradés et dénudés, sans verdure et sans ombrages, attristent le regard ; mais ici la nature magnifiquement prodigue a jeté la forêt, comme un voile splendide, comme une parure éternellement fraîche, éternellement jeune, sur nos montagnes vosgiennes.

Oui, la nature est prodigue en ses dons, mais elle en fait une répartition inégale. Elle ne mesure ses faveurs qu'avec parcimonie. Les avantages qu'elle accorde aux hommes ou à la terre qui les porte sont incomplets ou contradictoires. Elle se plaît à séparer le beau de l'utile, et là où elle met à la disposition de l'homme l'abondance de ses ressources, son aspect est souvent sévère et son sourire sans grâce. Avouons-le donc, dans nos Vosges, ce n'est ni par la fertilité du sol ni par la profusion de ses produits qu'elle s'impose à notre reconnaissance. Ses rochers résistent au labeur patient, et la sueur du laboureur tombe sur eux sans les féconder. Mais l'homme ne vit point seulement de pain ; et, à ceux qui ont des yeux pour la voir et un cœur pour la sentir, la nature vosgienne réserve les compensations de sa grâce et de sa beauté.

Répondons, Messieurs, à ses invites et acceptons son hospitalité.

Voici le printemps, le moment où elle se réveille du morne sommeil de l'hiver, où elle sourit à qui vient se rajeunir à son contact. Point n'est besoin d'aller au loin chercher ses ombrages et ses retraites, ses mystères et ses profondeurs. De toutes parts, sur ces hautes montagnes qui cerclent l'horizon, sur ces coteaux qui s'étendent à leurs pieds, montent, le long des flancs fauves, la noire armée des sapins et la blancheur lumineuse des hêtres, en rangs serrés, alignés et superbes, à l'assaut des sommets.

Le voyageur aime à s'égarer dans leurs vertes profondeurs, à remplir ses poumons d'air pur et ses yeux de fraîches visions. Lorsqu'il chemine, en escaladant les sentiers sinueux et rapides dont les degrés sont soutenus par les racines des sapins, lorsqu'il foule d'un pied lent ce moelleux tapis, formé de l'humus entassé par les siècles, il sent pénétrer en lui le souffle de la vie ; et pendant que la sève coule dans les rameaux, s'insinue dans les feuilles, fait gonfler les bourgeons et triomphe de l'hiver et de la mort, il sent battre dans ses veines, à coups pressés, les flots d'un sang plus abondant et plus généreux.

Tout renaît, l'homme aussi bien que le végétal de la forêt. « O printemps ! jeunesse de l'année », s'écrie le poète, et la nature entière semble répéter avec transport ce cri de délivrance et d'allégresse.

Le printemps ! ne craignez pas, Messieurs, que j'en essaye une fois de plus la description, avec la prétention de n'être pas banal, mais il est un printemps vosgien, différent des autres printemps, et dont la couleur locale, j'en suis sûr, ne vous a point échappé. Grâce au mélange si pittoresque et si original de ses hêtres et de ses sapins, la forêt vosgienne donne simultanément deux impressions et suggère deux idées que ne fait pas naître ensemble l'aspect d'autres paysages. En effet, tandis que, dans les climats heureux où le printemps est éternel, on ne voit pas mourir et renaître la végétation et l'on n'a que la sensation d'une vie continue, dans ceux, au contraire, où la verdure meurt et renaît à tous les printemps et à tous les hivers, il manque à l'homme l'impression de la continuité de la vie de la nature, puisque cette vie semble cesser pendant l'hiver, « le triste hiver, comme l'a dit Buffon, saison de mort ». Or, la forêt vosgienne à elle seule offre la riche et unique synthèse de ces deux aspects. Par ses hêtres au feuillage clair qui se dépouillent et reverdissent successivement au gré des saisons, elle donne la sensation de l'alternance de l'arrêt de la sève, de la mort des feuilles, suivis du renouveau. Par ses sapins toujours verts, dont les aiguilles toujours sombres semblent vivre à travers toutes les saisons, elle nous donne l'impression de la vie continue de la nature et comme la manifestation permanente de l'âme immortelle de la forêt.

Réveillez-vous donc, vous que l'hiver, de ses mains glacées, a enchaînés devant l'insuffisante chaleur de vos foyers; allez goûter au sein de cette nature ses joies si variées. En vain chercheriez-vous à les retenir : l'ordre immuable des saisons va changer la scène et ses décors ; le soleil s'apprête à inonder les bois et les champs de ses flammes et de ses rayons ; voici le grand été et la forêt nouvelle.

Et déjà les frondaisons sont devenues plus sombres et plus épaisses ; les feuilles, gorgées de sève, mettent comme un vert manteau autour des branches et des troncs, elles s'épanouissent au sommet des hêtres en dômes impénétrables ; la lumière ruisselle à leur surface, s'infiltre en rayons de feu entre la verte obscurité des branches et va s'écraser en plaques lumineuses sur le gazon. Les fines aiguilles des sapins, parées de vert tendre, se découpent avec une délicate netteté dans la sombre obscurité de leur verdure, quand émergent au-dessous d'elles des fleurs brillantes et colorées, des lichens, des fougères, de grands champignons roux qui éclairent le paysage et lui donnent je ne sais quel air de fête et de gaieté. Les insectes bruissent dans l'herbe. Mille bruits confus se mêlent et forment une harmonie douce et paisible. Dans l'air flotte, sous les grands ombrages, l'odeur vivifiante des résines, et les senteurs qu'exhale la végétation baignée de soleil et de lumière communiquent une délicieuse et enivrante griserie.

Cet océan de verdure s'agite et tremble sous les souffles légers de la brise et des courants rapides qui sillonnent l'atmosphère embrasée ; ou, accablée sous le ciel de feu, la forêt magnifique et parfumée dort sans force et sans mouvement, dans un immobile repos.

Des rochers aux tons rouges, brûlés par le soleil, aux formes bizarres, tapissés de végétation, percent l'épaisse et verte couverture, ou présentent de loin l'aspect du chaos, forêt de pierres au milieu de cette forêt de plantes, de feuilles et de fleurs. Dans le lointain, étincelle l'éclair passager d'un ruisseau qui sillonne d'un trait brillant la pénombre mystérieuse de la futaie, et envoie le murmure paisible et la note cristalline de ses eaux. C'est là que les fauvettes, courbant à peine les herbes sous leurs pattes déliées et vibrantes, viennent boire dans l'intervalle de leurs éternelles chansons. D'autres fois, le flot du ruisseau, plus abondant, se précipite d'étage en étage le long de la montagne et forme de jolies cascades, dont les eaux scintillent comme des diamants. On suit leurs efforts écumeux ; on écoute leur plainte au fond de l'abîme. A la vue de ce tableau pittoresque, l'âme se trouve merveilleusement surprise. Les rochers qui se dressent comme une muraille escarpée ; les sapins qui ont pris racine dans leurs anfractuosités et qui dominent la scène de leur tête altière ; la profondeur du torrent dont les eaux grondantes vous assourdissent, les blocs énormes qui le pavent, témoins des bouleversements qui ont déchiré le sol, tout cela forme un paysage qui étonne et ravit.

Tout au-dessus, se découpe une légère bande de ciel bleu, tandis qu'ailleurs, au milieu du recueillement délicieux de toutes choses, le rêve semble prisonnier des grands arbres fermant la voûte du ciel. Et le rêve, enfermé de toute part dans cet étroit horizon de feuillages, se complaît à cette captivité charmeuse.

Mais, gravissons les sommets. Bientôt, comme des échappées lumineuses, apparaissent, bordés d'une ceinture de sapins chétifs ou de hêtres rabougris, des pâturages au gazon velouté. Des troupeaux à l'allure imposante broutent l'herbe odorante, et à chaque mouvement de tête le carillon de leurs clochettes tinte joyeusement. Un des principaux attraits de la vie élevée est cette musique pastorale, ce concert que donnent au touriste les troupeaux épars sur les chaumes touffus. Auprès d'eux de rustiques chalets, des fermes perdues dans la lumière évoquent l'idée du bonheur parfait qu'offre cette nature si douce et si majestueuse. Aucune existence ne me semble plus enviable que celle du pastoureau qui séjourne quatre mois et demi dans ces maisonnettes primitives, dont on couvre de cailloux les toitures pour que le vent malicieux ne les emporte pas. Le chalet haut-vosgien est la vraie demeure du philosophe, de l'artiste et du poète.

L'imagination s'émeut devant l'entassement des montagnes couvertes de verdure ou dont les flancs déchirés et nus plongent dans les profondeurs des vallées. Du haut de ces monts, la forêt ressemble au loin à une mer moutonneuse. Mais à quelques pas elle s'abîme dans un précipice immense et, sous vos pieds, au fond du gouffre, des éperviers planent dans le silence, des corbeaux s'envolent et regagnent leurs repaires, tandis que parfois, au milieu de la vallée, apparaît un lac semblable à un diamant noir enchâssé dans l'émeraude des prairies et des bois.

Comme les haleines vous caressent, comme les senteurs pénétrantes de la forêt vous grisent ! Quelle sérénité et quel recueillement religieux dans ces paysages ! Quelles heures inoubliables à goûter l'ombre des vallons, la fraîcheur des aubes, la douceur des couchants, les soirs d'été, quand les plantes rafraîchies se relèvent, quand le soleil, à l'horizon, dore de ses feux les bois et les prairies.

Cependant la vie bourdonnante et les voix profondes de la forêt s'éteignent peu à peu, et le murmure des eaux rompt seul le silence des nuits tièdes et chargées de parfums. De grandes ombres courent sur les rochers et envahissent les pentes et les sous-bois. Puis, la nuit endort les futaies et les pâturages ; lentement elle s'épand, et la lumière, qui une dernière fois a doré des splendeurs du couchant les cimes les plus hautes, s'évanouit.....

Longtemps, la vision sublime flotte dans la mémoire éblouie, et tristement le voyageur reprend le chemin de la plaine, les yeux émerveillés et portant dans son âme émue le souvenir d'un bonheur trop tôt fini.

Les saisons se succèdent ; chacune d'elles apporte d'autres beautés, mais nulle n'est déshéritée. La nature, inépuisable magicienne, renouvelle constamment le paysage. Ce sont les mêmes eaux, pourtant, et la même verdure ; les mêmes arbres sur les ondulations des mêmes montagnes, mais la baguette de l'enchanteresse s'est posée sur eux, et voici qu'apparaît un tableau nouveau et cependant ancien et familier.

Doucement l'été décline. L'homme à peine s'aperçoit que la forêt va se dépouiller de sa riche parure et revêtir un costume plus sévère ; la verdure conserve encore sa fermeté sombre, mais déjà les feuilles ont dépensé la sève qui les faisait vivre. Elles tombent. Les profondeurs élargies des bois s'illuminent d'une lumière plus pâle ; le dôme de verdure, qui les abritait jalousement, s'entr'ouvre peu à peu. Bientôt la forêt n'aura plus de mystère ; mais avant de s'endormir elle va nous enchanter une dernière fois. Les masses feuillues vont revêtir une teinte éclatante et, par une coquetterie suprême, parer d'or et de pourpre leur agonie.

En vain, les derniers rayons du soleil d'automne enveloppent-ils les grands arbres de leur poésie mélancolique, les vents, précurseurs des tempêtes hivernales, les pluies fines qui lavent l'atmosphère et lui communiquent une remarquable netteté, annoncent la fin de l'été. Sous ces voûtes si belles, quand le soleil resplendissant y versait l'or de ses rayons et l'éclat de sa lumière diamantée, on n'entend plus que le choc monotone des gouttelettes ou le bruit léger d'une feuille qui se détache de sa branche et vient s'abattre, flétrie, dans le sentier désert. Mais souvent aussi d'autres sons roulent sous ces voûtes désolées. Des voix solennelles prient, soupirent et sanglotent tour à tour. Comme un archet infernal, le vent secoue les grands arbres, et la symphonie des plaintes, des cris de détresse fait courir un frisson dans le cœur du voyageur attardé. Puis, tout s'apaise ; plus de colères, plus de menaces, mais un murmure vague, on croirait entendre des paroles consolatrices. C'est à ces moments qu'une secrète nostalgie ramène dans nos bois ceux qui, loin déjà des journées ensoleillées de la jeunesse, sentent le fardeau de l'existence peser plus lourdement sur leurs épaules. La mélancolie de la nature s'harmonise avec les tristesses et les regrets d'un passé à jamais disparu. La vie n'a plus de promesses, ni l'avenir d'espérances, mais les rayons du soleil couchant éclairent doucement les temps déjà lointains de la jeunesse et colorent d'un magique reflet ses radieux souvenirs.

Nous voici loin des longs jours tièdes et de leurs souffles parfumés. C'est l'hiver, le grand repos et le grand silence. La forêt est redevenue recueillie et sauvage ; les feuilles mêmes n'y bruissent plus. Elle charme toujours lorsqu'on n'y rencontre plus forme d'homme, lorsque tout y est mort ! Le cœur y bat si heureux et le malheur s'oublie si rapidement ; les souvenirs de bonheur reviennent si pressés et si doux, sur la route où l'on va seul, des lieues entières, entre les masses profondes des futaies vaporeuses. Parfois, l'immense forêt paraît elle-même une brume, et les arbres semblent des âmes qui s'exhalent comme des fumées ! Oui, vous êtes hors de la vie, vous marchez en plein rêve.

Mais, quittons la route, enfonçons-nous sous bois. Regardez à présent comme les arbres nus sont énormes ! Il y a des troncs d'argent tigrés de mousse, d'autres sont noirs, d'autres velus, d'autres ridés, d'autres laissent suinter des champignons de sang ! Quelques-uns ont l'air de fragments de statues, de torses colossaux, de monstres fantastiquement renversés. On pense à des rois sauvages dont pas un ne serait tatoué de même. On rêve à des athlètes qui seraient devenus des sapins, des chênes, des charmes et des hêtres, et qui auraient cent pieds de haut !

Les aspects cependant se transfsorment comme les nuages, et voici qu'une avenue s'allonge, s'ébauche peu à peu, entre des taillis légers, fins comme des dentelles, et tout au bout de laquelle apparaît comme un fond d'église qui recule à mesure qu'on avance. On marche, mais le chœur de cette chapelle illusoire fuit, s'évapore pour se reconstruire plus loin ; tantôt c'est une ruine à jour, tantôt c'est l'intérieur d'une cathédrale dans laquelle le soleil couchant projette l'étincellement d'un vitrail.

Au fond des combes lointaines, il y a des hôtes remuants et familiers. Quelquefois les sentiers sont traversés par un lièvre qui se fraie une route parmi les feuilles sèches. A l'extrémité d'une tranchée, si vous marchez avec précaution, vous pourrez apercevoir, debout sur ses jambes fines et le nez au vent, un chevreuil qui dresse les oreilles et brusquement disparaît dans le fourré.

Plus loin, c'est une autre scène, ou plutôt un autre décor. Voici des halliers, des bruyères. Voilà un carrefour, avec des poteaux blancs. Les petits sapins, les genêts dépouillés de leur parure, nous invitent à de mélancoliques rêveries ; les souvenirs des plaisirs passés reviennent en foule à notre esprit. L'été, les chars-à-bancs, pleins de rires, soulevaient la poussière de la route. Où sont-elles les amours qui se promenaient alors sous la feuillée ? De tout cela il ne reste que des ombres, des ombres qui, errant par ces lieux, leur donnent une tristesse riante de cimetière.

Mais quelquefois, aussi, au voisinage d'un hameau, à

l'apprcohe de quelque village, un peu de vie reparaîtra, une silhouette pointue de hutte de charbonnier, des cercles calcinés où des meules auront brûlé, un feu d'écorces, une odeur de résine, un craquement de pas, le grincement d'une schlitte, le cahot d'un char, le bruit d'une chute d'eau qu'accompagne le tic tac monotone d'une scierie abritée sous son frêle et rustique hangar de planches. Rien de plus pittoresque que ces nombreuses scieries installées sur les ruisseaux, ombragées par une lisière de forêt et envoyant au loin le bouillonnement de leurs eaux, leur strident bruit de scie, leur aromatique odeur de planches fraîchement coupées...

Et ce seront encore les longues allées mystérieuses, les hautes futaies, claires comme des colonnades, et tout à coup..... profond silence. Un ciel terne et bas pèse sur la forêt assombrie, et tend, au-dessus des cimes dépouillées, comme un voile de deuil que va remplacer bientôt le blanc linceul de la mort. La nature impitoyable s'acharne sur les tristes restes qu'ont épargnés les mortelles langueurs de l'automne. La tempête mugissante plie et tord sous son choc impétueux tous les arbres, même les chênes orgueilleux. Des rafales glacées arrêtent et figent dans leurs canaux les dernières gouttes d'une sève désormais impuissante ; elles accrochent les nuées voyageuses aux branches décharnées, ou traînent et déchirent leurs lambeaux humides aux flancs des bois et des monts. Alors, la neige éblouissante recouvre d'un tapis silencieux les arbres et la forêt, désormais apaisée. L'hiver, l'impitoyable hiver a pris possession de son domaine, et son souffle glacé enserre de moulures délicates les arbres vaincus et les branches dépouillées. Aériennes et légères, des milliers d'aiguilles reflètent en leur clair cristal les rayons amortis du soleil ; quelques fleurs, échappées à la destruction, jettent çà et là leur sourire et la gaieté de leurs couleurs, gages et pronostics des revanches futures. Cependant la pâleur de l'azur, le vert des sapins, l'éclat de la neige se fondent et s'harmonisent en un tableau plein de douceur et remplissent l'âme et les yeux de leur charme attendri.

O forêt, si riante aux jours du printemps, si belle et si éblouissante sous la lumière des grands étés, d'une mélancolie si profonde dans l'arrière-saison, ton sommeil n'est point la mort, et la nature, maternelle jusqu'en ses fureurs, abrite tes énergies sous ce manteau. Déjà une vie nouvelle fermente dans ton sein ; tu verras encore le soleil baigner de ses rayons tes hautes cimes, les arbres se mirer dans tes eaux, les fraîches brises agiter doucement tes rameaux; des générations successives viendront goûter sous tes voûtes ombreuses le repos et la paix ; mais, plus heureuse qu'elles, tu renaîtras des étreintes glacées de l'hiver, et les années nouvelles ajouteront sans cesse à ta force et à ta beauté.

Messieurs, la forêt a son histoire et ses légendes. Ses masses sombres et feuillues sont les témoins muets, les seuls survivants des âges passés ; on dirait qu'elles renferment les secrets formidables des siècles. Leur silence nous parait gros de mystère, et la science du paléontologiste, l'érudition de l'historien, la naïveté créatrice de l'imagination populaire, s'évertuent à l'envi à ressusciter les traces presque évanouies de ce passé si lointain et si mystérieux. Longtemps avant l'homme, les traditions religieuses, d'accord avec la science, plaçaient dans les forêts la vie intense des âges primitifs, en faisaient le séjour de formes végétales grandioses, d'êtres monstrueux. De tout temps, on y a vu le berceau de l'homme ; asiles et jardins, il semble que toute vie et toute humanité en soient sorties; mais qui retrouvera dans l'obscurité des siècles les traces d'un tel passé ? Qu'ont été nos Vosges et leurs forêts avant la période relativement courte qu'éclairent les premiers documents écrits ? L'homme, sans doute, errait depuis longtemps dans leurs bois et dans leurs vallées ; peut-être s'y est-il rencontré avec les formidables monstres dont la race est maintenant éteinte ; les échos ont peut-être retenti des clameurs et du bruit de leurs luttes ; peut-être y vit-il les grands glaciers descendre des sommets et remplir nos vallées si riantes. Que signifient ces pierres aux formes bizarres, qui couronnent les Vosges et parsèment leurs flancs ? Quelle force mystérieuse a érigé sur la crête nue des montagnes ou sur les pentes abruptes, dominant des murs de feuillage, ces rochers gigantesques, témoins muets des vieux âges ? Est-ce la main de l'homme, sont-ce les caprices de la nature qui ont creusé ces pierres singulières, entaillé ces blocs énormes ? Un peuple primitif adorait-il ici ses dieux farouches, comme le veut la science ingénieuse et profonde d'un homme que votre Société est fière et heureuse de compter parmi ses membres ? Questions troublantes, peut-être à jamais insolubles, passé qu'enveloppe une impénétrable obscurité !

Quittons ces temps mystérieux et abordons la période gauloise, qui émerge déjà des ténèbres préhistoriques. Représentons-nous nos Vosges, vierges de villes, parsemées, comme un vaste tapis vert, de forêts et de pâturages et, au milieu des clairières, ou cachées sous la ramure, les cabanes des tribus gauloises, de chasseurs et de pêcheurs. Dans ces forêts inextricables, habitées par des troupeaux d'aurochs et de chevaux sauvages, se trouvent des lieux consacrés par la vénération et la crainte. C'étaient les régions mystérieuses des dieux, où les druides appelaient à certaines époques de l'année, à la lueur des flambeaux, la foule des Gaulois. Au sommet du Donon, par exemple, ainsi qu'aux montagnes des Jumeaux, ces croyants d'une religion sanglante venaient adorer les divinités symbolisées par le chêne ; ou bien, à l'aurore, saluer de leurs acclamations le soleil s'élevant au-dessus de la Forêt-Noire, et venant dorer de ses rayons le temple et l'enceinte sacrée où nul ne pénétrait. Sous ces ombrages inviolables et protégés par la plus fervente vénération, le druide redouté présidait aux sacrifices humains, quand le dieu voulait que le sang des victimes rougît ses autels. D'autres fois, escorté par le peuple, au chant des hymnes mystiques, revêtu d'une robe blanche et armé d'une faucille d'or, il allait trancher le gui sacré, pieusement recueilli dans une étoffe immaculée. Puis, spectacle charmant et poétique, la fille des Gaules, la chaste prêtresse de Teutatès, à la longue chevelure blonde flottant sur sa tunique blanche, les bras nus, le front ceint de verveines, tenant dans ses bras une branche de chêne, pénétrait, escortée de ses sœurs, de ses compagnes, dans les profondeurs de la forêt, et allait y demander la révélation de l'avenir au langage mystérieux des feuilles et des eaux.

La forêt si ardemment vénérée par nos ancêtres n'est point seulement la résidence redoutable de leurs dieux, l'asile mystérieux de leur culte et de leurs croyances ; c'est sous la protection de ses ombrages qu'ils délibèrent sur les grands intérêts de leur confédération. Là encore, le druide, réunissant en sa personne la double puissance politique et religieuse, convoque les guerriers autour de tables de pierre. Au nom de Vogesus, le dieu de la région, ils concertent la résistance à l'étranger ; là, ils jurent de vivre ou de mourir pour la patrie gauloise. Longtemps avant la conquête romaine, si nous en croyons les traditions recueillies par les historiens, les Germains menaçaient la Gaule et les montagnes vosgiennes, dont les forêts impénétrables formaient comme un premier rempart, une avant-garde contre ces chocs redoutables.

Avant l'invasion des Teutons, dont Rome frémissante n'oublia jamais le souvenir, et qui fut refoulée par la discipline de fer des légions et le génie de Marius, beaucoup d'autres tentatives pareilles durent précéder, beaucoup d'autres suivre. La Germanie était déjà un réservoir de nations, et chassées par leur multitude même, par l'impossibilité de subsister sur un sol ingrat et devenu trop étroit, ces races à la taille gigantesque, coiffées de muffles de bêtes, poussant des rugissements de fauves, arrivaient avec leurs familles, leurs chariots, leurs trésors, et, comme une mer en furie, leurs masses venaient battre les frontières convoitées de la Gaule. A ces attaques furieuses durent répondre de vaillantes défenses. C'est là, sans doute, que le génie brutal et envahissant de la Germanie entama avec la race voisine ce long et implacable duel, continué avec tant d'acharnement au cours des temps, et dont notre génération a vu un des plus sanglants et des plus terribles épisodes, si cruel et si terrible qu'elle n'ose en espérer, qu'elle ne veut même pas en souhaiter l'oubli.

L'imagination se rapproche de la réalité en se représentant les péripéties sauvages de la lutte : les tribus gauloises accourant de toutes parts au signal des feux allumés sur les cimes voisines, les attaques de jour, les surprises de nuit, les combats corps à corps, à coups de hache ou de framée, les druides se jetant dans la mêlée, l'ennemi farouche repoussé, rejeté de pente en pente, de ravin en ravin, détruit, anéanti dans les fonds ténébreux.

Puis, sans doute, se célébraient les fêtes de la victoire, et, dans la forêt, retentissaient des cris d'allégresse et les chants de joie des vainqueurs.

Mais un adversaire plus terrible s'apprête à envahir la vieille forêt gauloise. Rome arrive, avec ses redoutables légions. La lutte s'engage et se poursuit, avec une fureur désespérée d'une part, une constance inébranlable de l'autre. Les destins s'accomplissent ; l'indépendance de la Gaule n'est plus qu'un souvenir, et les forêts qui furent ses temples, ses asiles, les boulevards de sa liberté, voient leurs profondeurs mystérieuses violées par les vainqueurs. Des routes les sillonnent, des percées les éventrent, des postes permanents s'établissent, en particulier sur la montagne de Répy, au-dessus d'Etival, et sur le mont Julien, près de Saint-Elophe. La nature commence à reculer devant les premiers assauts de la civilisation. Puis, les siècles se passent ; les flots des barbares viennent battre de toutes parts les frontières de l'empire, les rompent, et, sous leurs coups répétés, la brillante civilisation gallo-romaine s'écroule, comme une construction trop légère pour résister au choc furieux des tempêtes.

Enfin, après des guerres et des dévastations innombrables, les Francs ont pacifié le pays. Sous leur domination, les forêts vosgiennes deviennent la Thébaïde des Gaules. De pieux ermites s'y réfugient, attirés par les profondeurs silencieuses et solitaires. Sous leurs efforts persévérants le pays change de face. Les arbres, au pied desquels avait coulé autrefois le sang des victimes humaines, tombent sous leurs cognées ; les vallées sont assainies et cultivées. Conquérants pacifiques, ils ouvrent de larges brèches dans la forêt inviolée et préparent pour les générations futures une terre qui peut les recevoir et les nourrir.

C'est ainsi que se fondèrent les monastères de Remiremont, de Senones, d'Epinal, de Saint-Dié, d'Etival, de Moyenmoutier. Peu à peu, d'importantes agglomérations rurales vinrent se former autour de ces couvents, et plusieurs d'entre elles sont devenues des villes importantes.

Le rôle civilisateur, l'action agricole des moines ne cessa que, lorsqu'enrichis par les efforts et les travaux de leurs devanciers, ils ne songèrent plus qu'à jouir paisiblement de leurs biens et abandonnèrent à des serfs la culture du sol dont ils consommaient les produits. Désormais, ils ne firent plus abattre que les bois nécessaires à leur usage et s'opposèrent à tous les défrichements.

Mais ce sont surtout les rois Carlovingiens qui, chasseurs forcenés, protégèrent et favorisèrent l'extension de la forêt. Un des capitulaires de Charlemagne, visant les grandes forêts de la Gaule, n'a eu garde d'oublier les Vosges.

Bien souvent, le grand empereur d'Occident y vint chasser les sangliers, les ours, les loups et les aurochs. Même il avait fait bâtir deux rendez-vous de chasse, l'un à Champ-le-Duc et l'autre sur le mont Habend, qui depuis est devenu le Saint-Mont. La tradition montre, encore près de Gérardmer, la fontaine où il s'abreuva, le rocher qui lui servit de table. Cornimont se flatte de posséder une corne d'auroch qui ne serait autre que l'oliphant même de Charlemagne.

Louis-le-Débonnaire avait hérité du goût de son père pour la chasse, et on le vit, comme ce dernier, venir de temps en temps se livrer à ce plaisir dans les montagnes des Vosges.

En 821, après la dissolution de l'Assemblée d'Aix-la-Chapelle, il traversa les Ardennes, visita Trèves et Metz, et chassa dans les environs de Remiremont, pendant une partie de l'été et de l'automne. Il y revint en 825 et 831. Vers cette époque, les animaux sauvages s'étaient fort multipliés dans les Vosges, et Frotaire, évêque de Toul, raconte dans une de ses lettres que les loups dévoraient les habitants.

Plus tard, les seigneurs d'Alsace et les ducs de Lorraine continuèrent les traditions de Charlemagne.

Au XVIe siècle, après les nombreuses invasions des Hongrois, contre lesquelles la forêt avait été un refuge, l'extrême misère fit naître l'industrie. Les arbres séculaires furent abattus ; des scieries s'élevèrent au fond des vallées, et, pour la première fois, les eaux de la Meurthe et de la Moselle portèrent au loin ces radeaux de planches de sapin dont on a fait depuis un si prodigieux commerce.

Au flottage vinrent se joindre l'industrie verrière, puis les forges et la faïencerie qui, elles aussi, furent les ennemies de la forêt.

Les montagnes dépouillées de leur antique et orgueilleuse parure, dégradées par les pluies, sillonnées par les torrents, couvrirent de leur ruine le sol des vallons.

En 1540, on s'aperçut déjà de la dégradation des forêts, mais les connaissances physiques de cette époque ne permettaient pas encore d'en apprécier les résultats. Les seigneurs laïcs et ecclésiastiques, à qui l'abus avait été si avantageux, obtinrent du duc Antoine le doublement des amendes pour délits forestiers, et ce fut la seule réforme que la cupidité suggéra.

La guerre de trente ans et les luttes qui la suivirent jusqu'à la restauration du duc Léopold, en 1698, modifièrent profondément l'état des forêts vosgiennes. Par crainte des embuscades, les étrangers, et surtout les Suédois, campés dans le pays, mettaient le feu dans les forêts voisines de leurs cantonnements. Les paysans fuyaient, des villages entiers étaient abandonnés, le désert se refaisait, et la végétation forestière ne tarda pas à reconquérir son ancien domaine.

Pour ne rien omettre des phases de ce long duel entre l'homme et la forêt, sous Louis XIV, les campagnes s'étant repeuplées, ce fut la forêt, une fois de plus vaincue, qui recula de nouveau devant les hommes envahisseurs. Le défrichement alla toujours en s'étendant jusqu'après la Révolution. Ce n'est que depuis le commencement de ce siècle qu'une administration intelligente et réparatrice s'appliqua du moins à conserver ce qui avait échappé à tant de causes de destruction. Aujourd'hui, la surface forestière de notre département est d'environ 212,000 hectares. Il reste donc dans les Vosges bien peu de ces vieux troncs géants dont le grand âge, les dimensions extraordinaires nous frappent de stupeur, en même temps que toute une couronne de légendes et de récits semblent s'enrouler autour de leur longue existence.

A ce point de vue, je me reprocherais de ne pas rendre hommage en passant à l'un de ces rares patriarches de notre région. Je veux parler du *Chêne des Partisans*. C'est dans la forêt de Saint-Ouën, près de Bulgnéville, qu'il étale sa base d'une circonférence de 23 mètres, sa hauteur de 33, son envergure de 25 ; son tronc reste plein et robuste, et nulle branche desséchée ne déshonore son imposante ramure. Sous ses ombrages protecteurs se donnèrent rendez-vous les partisans lorrains, pendant les divers sièges de la citadelle de la Mothe aux seizième et dix-septième siècles, et, comme s'il était dans ses destinées de s'associer toujours à la fortune et à l'infortune de la terre qui le porte, deux siècles plus tard, la forêt dont il est le roi abrita de hardis francs-tireurs dont la présence inquiéta l'ennemi pendant toute la durée de la guerre. De loin, il ressemble à quelque tour gigantesque dressée au-dessus des arbres de la forêt, et, en 1635, il présentait déjà le même aspect que de nos jours. Puisse-t-il longtemps encore recueillir l'hommage de la curiosité et de l'admiration des visiteurs !

Messieurs, quand on a parcouru le versant oriental des Vosges et qu'on revient sur le versant vosgien, au point de vue pittoresque, on éprouve certainement une déconvenue et un regret. C'est de ne pas découvrir, au sommet de nos montagnes, ces ruines féodales qui donnent un aspect si pittoresque aux cimes alsaciennes. Non qu'elles en aient été dépourvues tout à fait, je citerai par exemple le château de Beauregard qui existait près de Raon, celui de Spitzemberg près de Saint-Dié, celui de Faucompierre près de Saint-Jean-du-Marché, le château de Perles près de Docelles, le château d'Arches et quelques autres encore, mais ces ruines peu nombreuses ont complètement disparu, ou tout au moins n'offrent plus aucun vestige intéressant.

L'histoire, qui explique tout, nous a déjà dit que la partie montagneuse de notre pays fut abandonnée par les Francs aux moines qui préférèrent bâtir leurs couvents au fond des vallées, dans des retraites cachées et sûres, tandis que dans les terres plantureuses à l'Est de la Moselle, des seigneurs du moyen âge, souche de la brillante chevalerie lorraine, couvrirent le pays de châteaux et de villes fortifiés. Dans les montagnes, ce fut donc la féodalité religieuse qui domina, dans la plaine, la féodalité laïque. Ici des édifices religieux, là des demeures de luxe et de guerre, soit; mais au point de vue de l'intérêt pittoresque, il nous sera permis de le regretter. A la vue de ces manoirs, sous le charme des impressions qu'ils évoquent, nous nous laissons aller à une douce rêverie ; et l'imagination de se donner carrière, ressuscitant tout un monde disparu de chevaliers bardés de fer, de nobles dames assistant à leurs prouesses et, comme une vague rumeur, le bruit des festins, les lais d'amour des ménestrels. Que reste-t-il de toute cette splendeur, de toute cette puissance ? D'informes débris, quelques pans de murailles autour desquels s'enroule le lierre mélancolique, des fenêtres, des ouvertures béantes à travers lesquelles pénètrent les rayons attristés du couchant, des ronces qui tapissent les hautes salles de pierre, le vent qui gémit et pleure à travers les ruines, et le voile de l'oubli a tout recouvert : les exploits comme les noms des héros.

Et pourtant, Messieurs, dans cette nécropole qu'est l'histoire tout ne meurt point. Les noms des hommes se perdent, leurs œuvres croulent, ce qui devait défier l'effort du temps et des siècles tombe tout d'abord en poussière ; mais les croyances, les sentiments, les pensées subsistent toujours et se transforment sans cesse, et longtemps après, dans l'âme des générations nouvelles, respire encore et vibre l'âme des lointains ancêtres. De même aussi les influences lentes et implacables de la nature ne cessent point d'agir, et, quelques transformations que l'homme ait opérées à la surface des choses, il ne peut se flatter ni de les entamer profondément ni de secouer leur esclavage.

En ce pays, l'homme et ses œuvres sont enfants de la forêt ; tout en fait foi jusque dans le domaine de la légende, en apparence tributaire exclusive de l'imagination et de ses fantaisies.

Les Vosges sont le vrai pays de la légende et de la superstition. L'homme, plus près de la nature, ayant vécu longtemps seul au milieu des solitudes pleines de mystères et des grands bois au silence redoutable, a de bonne heure peuplé d'êtres fantastiques, terribles et cruels ou bons et gracieux, l'eau, la terre et les airs. L'isolement, résultant de la longueur des hivers et de l'absence de toute voie de communication, a longtemps confiné le Vosgien dans la montagne. Ils lui ont créé à certains égards une nature d'esprit rêveuse, une sorte de poésie qui s'est exercée sur la nature environnante en personnifiant les terreurs, les étonnements, les surprises dont elle a été pour lui l'origine et le point de départ. C'est sa façon d'en sentir le charme et le mystère. Aussi est-elle longue, la liste de ces poétiques enfantillages. Ils n'offrent rien ou peu de gracieux, de riant ou d'aimable. Les motifs les plus habituels de ces récits sont des histoires bien effrayantes de loups-garous, de revenants, de lutins. Ce sont ces thèmes terrifiants qui éveillent la verve et l'imagination des conteurs. La plupart des légendes empruntent leur origine à la nature même du pays ; d'autres la tirent de l'histoire. Le druidisme, après la conquête romaine, se réfugia dans des régions isolées ou d'accès difficile. Il ne conserva de ses anciens rites que ce qui touchait à la magie, et les druides devinrent des magiciens, plus tard des sorciers. Et Dieu sait si ceux-ci abondèrent dans les Vosges! Quant à la druidesse inspirée, c'est elle qui règne encore en son antique domaine, sous la poétique incarnation de la fée. La question est intéressante et curieuse, sans aucun doute, mais ce serait sortir de mon sujet que de m'y arrêter.

Au lieu de chercher à parler en érudit des fantaisies de l'imagination vosgienne, vous préférerez sans doute, Messieurs, que je vous en présente quelques-unes. Mieux que des paroles, elles vous renseigneront sur l'esprit qui les a créées. Parmi les innombrables légendes qui font les délices des veillées, qu'on me permette de reproduire les suivantes :

Au temps jadis, se tenait à la Maix une foire importante. Chaque année, le jour de la Trinité, elle amenait des deux vallées une foule considérable. Le curé de Luvigny célébrait la messe dans la chapelle. Un jour, de joyeux viveurs, en avance sur leur temps, se mirent à festoyer et à danser au lieu d'assister à l'office, malgré les appels réitérés de la cloche. Ils mettaient même une certaine affectation à tressauter et à jouer des jambes au son du violon, quand tout à coup, au moment où sonnait l'élévation, la terre s'entr'ouvrit avec un bruit épouvantable, et engloutit danseurs et ménétrier. Le gouffre ne se referma pas et fut envahi par les eaux. Ainsi naquit le lac de la Maix. Aujourd'hui encore, quand, à pareil jour, la cloche annonce l'élévation de la messe paroissiale, si vous penchiez votre oreille sur la rive, vous entendriez les malheureux s'agiter dans les ondes, aux accords d'un impitoyable crincrin.

Quelles sont ces rumeurs mystérieuses et ces étranges symphonies où l'on croit distinguer les sons du cor, les appels des veneurs, les aboiements des chiens ? C'est le chasseur maudit qui passe avec sa meute féroce. Voici ce qu'on raconte à ce sujet :

Sur le sommet de l'Ormont vivait dans son château un riche seigneur, Jean des Baumes, cruel et félon autant que puissant, et qui, heureux de mal faire, chevauchait les dimanches et jours fériés parmi les herbes en fleurs et les blonds épis, foulant aux pieds la récolte du pauvre vassal et faisant étrangler les volailles de basse-cour par quatre grands lévriers noirs. En vain, un pieux anachorète du val de Galilée lui ordonna-t-il de changer de vie, lui prédisant que, s'il persévérait, il serait condamné après sa mort à ne pas trouver de repos et à chasser éternellement, sans l'atteindre, le gibier pour lequel il avait compromis le salut de son âme. Le seigneur se moqua de ces menaces et mourut impénitent.

Depuis lors, on l'entend, les nuits d'orage, au fond des bois, courir après sa meute, et personne n'ose siffler les lévriers, car le maudit aussitôt châtierait l'imprudent.(1)

Satan, comme on le pense bien, joue le principal rôle dans les légendes vosgiennes. Partout on retrouve son influence et la trace de ses méfaits. Il convoquait ses sujets, les sorciers et sorcières, farfadets et lutins, dans des endroits solitaires entourés de hautes forêts, et présidait leurs as-

---

(1) *Vieilles légendes*, par Sabourin de Nanton.

semblées. Il leur donnait ses instructions et ses commandements pour faire périr les hommes et les bestiaux, soulever les tempêtes qui dévastent les campagnes et détruisent les récoltes. Ces assemblées avaient souvent pour témoin la Roche du Diable, qui se dresse à droite de la route de Gérardmer à la Schlucht. Près de ce lieu redouté on entendait, la nuit, « des glapissements de renards, des grondements d'ours, accompagnés de miaulements de chats sauvages et de cris funèbres de chouettes et de hiboux. »(1)

Le sabbat avait plutôt lieu dans une vallée profonde, ou dans l'ombre de quelque carrefour, au fond des bois. Lorsqu'on s'y promenait en plein jour, on sentait un froid glacial pénétrer dans les veines ; c'était un endroit sinistre et de sinistre renommée ; c'était un coin de terre qui n'appartenait même pas à Dieu, et où Satan régnait seul. Si l'on ne peut connaître tout ce qui s'y passait, plusieurs personnes, du moins, en ont vu d'assez près quelques scènes, pour savoir à quoi s'en tenir sur les horribles profanations qui s'y accomplissaient.

Au siècle dernier, un homme de Vecoux revenait un soir de la veillée, lorsqu'en passant dans la forêt de Châtillon, il aperçut, à quelques pas devant lui, une bande de sorciers faisant le sabbat. Près d'eux, autour d'une marmite qui bouillait et lançait au ciel sa fumée noire et rougeâtre, d'affreuses compagnes étaient accroupies en rond et préparaient des philtres amoureux et diaboliques. Notre montagnard eut grand peur et joua des jambes pour se mettre hors de péril. Le bruit qu'il fit en courant décela sa présence, et il fut traîné au beau milieu du sabbat par plusieurs paires de bras qui le secouaient rudement — « Holà ! lui cria-t-on, tu seras des nôtres, ou tu ne

---

(1) *Traditions populaires*, par Louis Richard.

sortiras d'ici ». — Et un affreux démon, tout noir, tout velu, lui présenta le pacte infernal, le pacte au bas duquel tous les sorciers mettent leur nom, en l'invitant à le signer avec son sang. Pour sûr. il eût voulu dire non, cent fois non, mais il n'osa. Le voilà donc qui prend le parchemin d'une main, la plume de l'autre, et se pique le bras au bon endroit. Par bonheur, il ne savait point écrire, n'ayant jamais été à l'école, et, pour toute signature, il dut se contenter de faire une croix. Tout aussitôt, vous eussiez vu sorciers et sorcières enfourcher leurs manches à balais, et vole! vole! vole! disparaître comme fumée chassée par le vent. Mais jugez de l'embarras du pauvre homme, quand, resté seul au milieu de la forêt tout empuantie d'une odeur abominable, il se retrouva à califourchon sur la branche la plus élevée d'un chêne qui dépassait de la tête tous les sapins d'alentour. Avant de toucher le sol, il faillit à maintes reprises se rompre le cou.

D'autres fois, l'Esprit malin profitait des passions de ses victimes pour les perdre. Témoin ce qui arriva aux joueurs de Fachepremont.

Il y a bien longtemps, sur cette montagne, les hommes passaient les soirées au jeu de boules, et ils étaient si passionnés pour leur distraction favorite que, dans le silence des belles nuits d'été, on entendait du fond des vallées voisines le choc des boules et les cris des joueurs.

Un dimanche de la Saint-Jean, ils s'attardèrent plus encore que de coutume, et jouèrent à la lueur d'un brasier. Soudain, ils remarquèrent au milieu d'eux un étranger, bizarre d'accoutrement et d'aspect, et tel qu'on n'en avait jamais vu un semblable dans le pays. Il avait des yeux de feu, des mains crochues, une barbe longue et ébouriffée et sur sa tête était posé un chapeau aux larges bords rabattus. Personne ne l'avait entendu venir, personne ne savait qui il était. Le jeu fut un instant interrompu, et tout le monde considéra avec étonnement et méfiance cet étrange compagnon. Mais lui, tout à son aise, s'adressa aux joueurs dans le patois de leur pays et leur demanda de prendre part à leurs jeux.

Comment refuser une offre si allèchante? La partie s'engagea donc et l'étranger perdit, perdit... Mais, chose singulière, plus il sortait d'argent de sa bourse plus il semblait en rentrer. On aurait dit qu'il lui suffisait de se baisser et de toucher des cailloux pour les changer en pièces d'or. Il fallut que nos joueurs fussent bien échauffés par l'attrait du jeu et l'appât d'un gain facile, pour ne pas réfléchir à un fait aussi étrange. Enhardis par le succès, ils firent des paris extravagants, mais la chance tourna brusquement, et les malheureux perdirent non seulement l'argent gagné mais encore leur modeste enjeu.

Alors l'étranger se mit à ricaner et offrit à ses dupes un moyen de reprendre la partie interrompue. Il compta devant chacun d'eux vingt louis d'or qu'il leur promit, s'ils voulaient en échange vendre leur âme au diable. Les pièces d'or, agitées dans sa main, brillaient comme du feu. C'était vraiment une tentation du démon.

Cependant, comme le marché était grave, les plus intrépides hésitaient, tandis que l'étranger devenait plus insinuant, plus affable et plus pressant. Aveuglés par leur passion, les joueurs signèrent le pacte, et la partie reprit avec une ardeur nouvelle. Mais en peu de temps, l'or si mal acquis fut de nouveau perdu. L'étranger trichait au jeu, et, furieux, ses partenaires allaient se jeter sur lui, quand, tout à coup, la terre s'entr'ouvrit sous ses pieds; une gerbe de feu et de flammes l'environna. Lucifer (car c'était lui), reprenant sa forme véritable, disparut dans l'abîme en leur criant : « Nous nous reverrons. »

En même temps, le brasier s'éteignait brusquement et les joueurs, fous de terreur, se trouvèrent plongés dans une épaisse obscurité. Le remords dans l'âme, tremblant de tous leurs membres, ils regagnèrent péniblement leur demeure, où ils rentrèrent au petit jour.

A partir de cette époque, on ne les vit plus rire. Ils moururent tous dans l'année, atteints d'un mal mystérieux et incurable, et tous les soirs, à minuit, leur âme revient jouer sur le lieu de leur perdition.

De la Roche du Diable on peut les apercevoir, par les nuits sombres, se chauffant autour d'un brasier et roulant des boules enflammées [1].

De Fachepremont, si l'on se dirige vers le Hohneck, on rencontre un rocher colossal qui a la forme d'une vieille église, et qui porte encore aujourd'hui le nom de « Moutier des Fées ». C'est là que, dans les temps reculés, les fées erraient à travers la chaume, tantôt invisibles à tous les regards, tantôt apparaissant pour exercer leurs enchantements. Leurs bandes pressées frappaient l'air du bruit de leurs ailes; d'autres, sortant des vapeurs blanches de la montagne, prenaient des formes humaines, couraient légères et silencieuses sur les collines les plus élevées; d'autres, enfin, apparaissaient, glissant comme des fantômes blancs, et gravissaient les cimes en courbant à peine de leurs pieds rapides les branches des sapins.

Ne sont-ce pas aussi des fées, les *Dames vertes* que l'on aperçoit parfois au fond de mystérieuses retraites, dans les bois, le long des cours d'eau, comme celle dont parlent encore les gens de Martimpré, et qui se montrait à minuit sur le pont de la Vologne? S'il avait pu savoir, le voyageur attardé, le danger qu'il courait en ce lieu, à pareille heure, comme il se serait hâté de fuir en retournant

---

(1) *Gérardmer à travers les âges*, par Louis Géhin, professeur à l'école primaire supérieure de Gérardmer.

sur ses pas. A peine avait-il mis le pied sur le pont, qu'une dame verte, toute verte, se dressait devant lui, l'entraînait au Saut des Cuves et, le saisissant par les cheveux, le balançait au-dessus de la cascade. Quand le pauvre hère était devenu bien blême, avait bien tremblé, bien recommandé son âme à Dieu, elle courait le déposer à la place où elle l'avait pris et disparaissait en déchirant le silence de la nuit par un long éclat de rire.

Une autre légende est encore plus intimement liée à la vie de la forêt vosgienne.

Autrefois, près de Corcieux, le premier vendredi de la première lune qui suivait le dimanche de la Trinité, la forêt de Rapaille recevait, chaque année, la visite d'une fée. Il est permis de croire que l'on ne savait pas au juste le nom de cette fée, mais on la désignait sous celui de dame *Agaisse*, à cause d'un cri perçant, assez semblable à celui d'une pie, par lequel elle annonçait son arrivée. A ce signal, il n'était homme ni bête, insecte ni oiseau ayant gîte dans la forêt, qui n'accourût pour rendre hommage à la fée, comme à sa souveraine. Les arbres eux-mêmes, toutes les plantes, depuis les plus humbles jusqu'aux plus superbes, inclinaient respectueusement le front devant elle. Il advint pourtant une fois que les chênes du « Hennefête » — c'est le nom de l'une des sections de la forêt — refusèrent de remplir leur devoir. Dame Agaisse entra dans une violente colère, et on put, à plus d'une lieue de distance, tant elle élevait la voix, l'entendre parler ainsi :

« Ah ! chênes orgueilleux, vous vous trouvez trop grands, trop beaux pour vous courber devant moi ? J'aurai raison de vous, je briserai votre fierté. Vous étiez les géants de la forêt, vous en deviendrez les nains sur l'heure. Vous êtes beaux ? vous serez laids et difformes, et vous demeurerez ainsi tant que vous existerez. »

L'arrêt ne fut pas plutôt rendu qu'il fut exécuté. Bien

que des centaines d'années se soient écoulées depuis lors, la malédiction de dame Agaisse pèse toujours sur les chênes de Hennefête. Dans la forêt verte et riante, ils font une tache sombre. Tandis que tout, à côté d'eux, grandit, prospère, se renouvelle, ils restent petits, souffreteux, éternellement les mêmes, c'est-à-dire noueux, chauves, tortus, bossus, affreux enfin à effrayer le passant et à lui soulever le cœur [1].

Je me suis étendu peut-être avec trop de complaisance sur quelques-uns de ces récits qui faisaient le charme et l'effroi de nos ancêtres. Au moyen âge, ils les admettaient comme certains ; mais leur croyance s'est affaiblie au fur et à mesure que l'instruction s'est répandue parmi eux, et aujourd'hui les légendes en sont réduites à lutter même contre le scepticisme des petits enfants.

Ne méprisons pas trop ces histoires merveilleuses qui donnaient un sens aux mystérieuses manifestations de la nature. La présence d'êtres invisibles expliquait tout, et, grâce à eux, ce qui ne semblait pas naturel devenait surnaturel. Ils satisfaisaient ainsi l'impérieux besoin, inné chez l'homme, de comprendre ce qu'il sent et ce qu'il voit et de sonder même l'insondable.

C'est surtout sous le rapport de l'histoire privée que l'étude de ces légendes est une source abondante de détails précieux, qu'on ne trouve que là, et qui seuls peuvent faire justement apprécier le caractère, les mœurs, les opinions, les préjugés, les usages ; en un mot, la manière d'être des habitants d'une contrée.

J'ai cherché, Messieurs, à vous montrer, dans un exposé malheureusement incomplet et trop rapide, comment la

---

(1) Le *Folk-Lore* des Hautes Vosges, par Sauvé.

forêt vosgienne a été mêlée à l'histoire de notre pays, le rôle important et divers qu'elle y a rempli depuis l'époque reculée et à jamais mystérieuse où, pour la première fois, le pied de l'homme a marqué son empreinte dans nos montagnes et dans nos vallées ; comment elle fut tour à tour le berceau de nos lointains ancêtres, le séjour mystérieux de leurs dieux, un sûr asile et une forteresse impénétrable, le parc giboyeux et le jardin inépuisable en ressources de toute sorte de ses habitants ; comment ensuite, encombrante et traitée en ennemie, elle fut refoulée de toutes parts par l'homme ingrat et chassée de ces vallées sur lesquelles elle étendit si longtemps l'ombre profonde de ses rameaux. Et voilà que son rôle actif est terminé, que son histoire désormais est close.

Mais nous, pour qui elle n'a jamais été l'obstacle ou l'ennemie, nous revivons à sa vue la vie de nos ancêtres dont elle fut la patrie silencieuse, et, comme le marin devant l'Océan, nous sentons les liens profonds qui nous unissent à elle. Il nous semble que notre histoire devient une énigme, un secret à jamais obscur, si nous ne la rattachons pas à la vieille forêt, à cette auguste ancêtre, dont l'existence s'est autrefois confondue avec la nôtre.

Fils de la montagne sauvage, de la forêt indomptable, nos caractères portent encore la marque de sa vigoureuse influence. Ce n'est pas en vain que nos aïeux ont défriché les sombres solitudes, débarrassé les étroites vallées des arbres qui les encombraient, agrandi peu à peu le domaine arraché aux forces puissantes qui les enveloppaient. L'homme a triomphé de toutes les résistances ; ses bras sont devenus robustes, sa volonté s'est trempée dans la lutte. C'est ainsi que s'est formé le caractère vosgien, ferme comme le granit de ses montagnes, droit comme le sapin qui les ombrage. De la nature primitive qui fut son rude berceau, il a rapporté le sérieux, une froide énergie, un bon sens incisif et pratique. En quelque pays que le jettent les hasards de l'existence, en quelque carrière qu'il exerce son activité et son industrie, il apporte la même constance que rien ne rebute ni ne lasse, la même robuste tenacité qui, pareille à la goutte d'eau, mine et use les obstacles. Cette énergie, que la lutte a développée chez nos pères, fait encore le succès et la force de leurs enfants. Oui, l'histoire en est la preuve : ses annales racontent les combats incessants soutenus par les fils de cette âpre terre pour la défense de leurs droits et de leurs libertés. Elle les montre les premiers debout quand, au siècle dernier, pareille à une lionne, la France se leva tout entière pour résister à la coalition européenne. Elle les montre, pendant les longues guerres du commencement de ce siècle, versant leur sang généreux sur tous les champs de bataille, et conservant assez d'énergie pour implanter et faire prospérer les arts de la paix dans leur pauvre et déshéritée patrie, justifiant une fois de plus cette parole profonde que la richesse d'un pays dépend moins des faveurs de la nature que de la valeur morale de ses habitants. Pendant l'année terrible, les sanglants combats de Nompatelize et de Rambervillers montrèrent encore l'ardeur et le courage des mobiles vosgiens, soldats improvisés, auxquels l'ennemi lui-même dut rendre justice.

Enfin, est-il permis de parler de la terre vosgienne et des grands cœurs qu'elle a portés, sans prononcer le nom le plus glorieux de l'histoire de France, sans invoquer l'héroïne du plus grand des miracles, sans écouter une fois encore l'écho des voix célestes qui, sous le chêne de Domremy, ont appelé à la délivrance de la France la fille sublime de la forêt vosgienne ?

Quels noms citer après une telle mémoire ? Jeanne, la vierge libératrice, n'est pas la seule gloire de notre pays ; nous entourons de notre respect filial tous ceux par qui les Vosges furent, à un degré quelconque, illustrées : et ils sont nombreux. Je n'entreprendrai point ici de rappeler leurs noms et leurs titres ; d'autres l'ont fait avec talent. On peut seulement remarquer qu'ils furent surtout des soldats, des hommes politiques, des avocats, des médecins ; hommes de combat, vaillants comme la terre qui les a portés.

Toutefois, Messieurs, je m'arrêterai à un nom, le plus récent de tous, mais qui est déjà entré dans l'histoire ; ce nom est celui de Jules Ferry. Nous est-il permis de prévoir le jugement que la postérité rendra sur lui ? Oui, si, s'élevant au-dessus de l'injustice des partis et des vues mesquines des esprits étroits, elle entend ne rendre hommage qu'à la flamme du patriotisme, à l'énergie du caractère, à la portée de l'esprit et, j'ose l'ajouter, aux dons du cœur et à la fidélité aux vieilles affections.

Il dort maintenant la face tournée vers ses chères montagnes, ainsi qu'il en a lui-même exprimé le vœu, dans une parole où il avait mis tout l'amour de sa terre natale, toute la douleur d'un patriotisme inconsolé. Mais son souvenir vivra dans nos cœurs et, aux noms des meilleurs de cette terre, restera joint dans l'avenir le nom du « *grand Vosgien* ».

Je ne me flatte point, Messieurs, d'avoir trouvé pour mon sujet les accents qu'il comporte. L'âme, sans doute, devant certains spectacles, se sent pénétrée d'admiration et d'enthousiasme ; mais au poète seul est donné le rare privilège de traduire en un langage approprié ses impressions et ses sentiments. Telle ne peut être ma prétention. Mais, en vous parlant des vertes et profondes forêts, fraîche parure de vos montagnes, en exprimant en un langage, dont je sens l'insuffisance, les émotions que vous y avez éprouvées comme moi, je sais du moins que je me trouve en parfaite communion d'idées avec vous. Ce sont des paysages familiers que j'ai essayé de vous peindre Les impressions que j'ai tenté de ressusciter en votre mémoire, vous les avez éprouvées comme moi, avant moi. Je ne suis pas amant plus enthousiaste de la nature vosgienne que vous ne l'êtes vous-mêmes, qui, nés pour la plupart au sein de cette nature grandiose, avez appris à l'aimer en même temps qu'à la connaître. Vous en parler, ce n'est donc point vous la révéler. En est-il ainsi de tous ceux qui, fils de la terre française, se piquent d'en goûter toutes les beautés? La réponse est aisée, mais moins facile est de dire pourquoi ce coin charmant n'a eu trop longtemps pour uniques admirateurs que ceux dont il se trouve être aussi le berceau. A quoi rapporter une telle indifférence? A un dédain mal justifié? A la méconnaissance plutôt et à l'oubli? Faut-il y voir une preuve de cette ignorance géographique que des voisins se sont plu à nous reprocher si aigrement? Quoi qu'il en soit, la réaction est venue, amenée par les événements. En effet, une des suites de la tourmente terrible qui, il y a vingt ans, s'est abattue sur notre pays, a été de ramener vers la terre française, si cruellement éprouvée, nos yeux et notre attention qu'autrefois nous détournions si facilement vers d'autres pays. Le malheur, du moins, nous a fait retrouver un regain de tendresse pour notre patrie, et la haine de ceux qui nous ont fait d'inguérissables blessures, dessillant nos regards, nous a fait découvrir à nouveau le vieux sol gaulois et les trésors qu'il recèle.

Le proverbe, cette fois, n'avait pas menti ; à quelque chose malheur fut bon. Alors, en même temps qu'on voulut retremper, au feu du patriotisme, l'âme française et relever par le culte des grands souvenirs et des grandes choses d'autrefois les cœurs brisés par de si effroyables catastrophes, on rêva de fortifier les corps et de développer dans les jeunes générations, par une éducation plus virile, une vigueur nouvelle. *Mens sana in corpore sano*, telle fut la devise des novateurs enthousiastes. Exercices de tous genres, courses, promenades, communion plus intime avec la nature, tels furent les moyens enseignés. De si grands et de si généreux efforts ont-ils eu tous les résultats que prophétisaient les convertis de la première heure ? D'autres répondront à ces questions ; mais, proclamons-le bien haut, tout n'a pas été vain dans cet élan, puisque, du moins, nous y avons appris à mieux chérir notre France. Le flot des voyageurs et des touristes a trouvé, dans un pays nouveau pour eux, tant d'attraits qu'ils n'en désapprendront plus le chemin ; et le préjugé qui naguère ne voulait admettre en fait de beautés pittoresques que les paysages alpestres, ce préjugé antipatriotique aura désormais vécu.

Nos Vosges, vous le savez, Messieurs, n'ont pas été les dernières à bénéficier d'un si rapide et si heureux changement. Mais, après les choses, il nous faut rendre justice aux hommes. Attribuer aux événements seuls cette réforme dans les habitudes françaises serait être peu équitable. Les circonstances, sans doute, nous furent propices. Français, on ne voulut plus admirer que la France ; mais encore avait-on besoin d'être dirigé dans ce voyage de découvertes à travers une patrie devenue tout à coup si chère. C'est alors que se constitua, ramification locale et non la moins intéressante d'une association plus vaste, la section des Hautes-Vosges du Club alpin français. Ouvrir et populariser nos montagnes, attirer les touristes, leur faciliter l'accès des sites pittoresques qui ne redoutent aucune rivalité, créer des chemins et des sentiers jusqu'aux cimes les plus ardues, jusque dans les fonds les plus sombres, jalonner les voies, conduire en quelque sorte par la main le visiteur, lui donner la sécurité du voyage en lui laissant le plaisir délicieux de la découverte, tel fut le but, telle fut l'œuvre du Club alpin français. Qui de nous ne lui est redevable de quelque plaisir nouveau? Qui n'a bénéficié de sa sollicitude, de sa prévoyance, de son esprit pratique? Pour moi, que le groupe d'Epinal me permette de lui offrir ici, en la personne de son actif et dévoué président, qui est un des membres distingués de notre Société, l'hommage public de ma reconnaissance.

Que d'autres exploitent ou défrichent le champ de la science, j'applaudis de grand cœur à leurs efforts et à leurs succès ; mais la nature aussi, comme la science, est clémente à ses fervents, et vous, hommes de bonne volonté, qui, avec tant de désintéressement, avez travaillé à nous rapprocher d'elle, n'êtes-vous point devenus nos bienfaiteurs et nos amis? Votre œuvre est pure d'égoïsme, car le spectacle auquel vous nous conviez, vous en avez joui avant nous, vous avez voulu nous le faire apprécier. D'autres, grâce à vous, ont étudié les productions mystérieuses des siècles, la poésie des choses inanimées ; d'autres ont retrouvé la végétation primitive, la forêt préhistorique, impénétrable futaie, mère de la forêt moderne, où notre âme se pénètre de la paix profonde qui tombe des bois et des montagnes, comprend le langage de ces êtres sans pensée et sans voix, et de sa communion avec eux revient apaisée et meilleure. Nous regardons autour de nous, et, dans cette contemplation, oubliant les souffrances et les brutalités de la vie, nous avons l'illusion, pour quelques heures du moins, de la santé et du bonheur. Lassés si souvent, découragés de tant de fatigues et d'expériences, nous nous ranimons au contact de la nature ; son souffle ressuscite en nous les émotions que ressentaient les hommes il y a tant de siècles, et sur nos lèvres viennent chanter les vers harmonieux du poète ;

.... la nature est là qui t'invite et qui t'aime;
Plonge-toi dans son sein qu'elle t'ouvre toujours.
Quand tout change pour toi, la nature est la même,
Et le même soleil se lève sur tes jours.

(Lamartine, *le Vallon*).

MESSIEURS,

Le devoir le plus important qui m'incombe est de vous rappeler une dernière fois les noms des confrères que vous avez perdus, et de leur donner en votre nom une marque d'affectueux souvenir. Jamais, peut-être, depuis sa fondation, votre compagnie n'a subi en une seule année des coups aussi douloureux ni aussi répétés que dans celle que nous venons de terminer. Mais si ces vides, récemment creusés parmi vous, doivent nous étonner par leur nombre inaccoutumé, ils nous effraient bien plus encore quand nous considérons l'importance de nos pertes.

M. Salmon, conseiller honoraire à la Cour de Cassation, était substitut à Epinal, en 1838, lorsqu'il entra dans votre Société.

Depuis cette époque, il n'a jamais rompu les liens qui l'unissaient à vous. Il vous en donna le témoignage réitéré en vous faisant successivement hommage de ses belles études sur les anciennes gloires de la magistrature lorraine, *le Président Le Febvre* et *le Président Bourcier*, ainsi que ses *Devoirs des instituteurs primaires*, couronnés par l'Académie française.

Procureur du Roi à Saint-Mihiel, il fut nommé député de la Meuse à l'Assemblée constituante de 1848.

Au 2 décembre 1851, ses opinions très modérées ne l'empêchèrent pas de se joindre aux représentants qui protestèrent contre le coup d'État.

Il vécut quelques années dans la retraite, puis il accepta

de nouveau des fonctions judiciaires. Il rentra dans la magistrature, le 12 février 1853, comme procureur impérial à Charleville, et il occupa ensuite différents postes très élevés, jusqu'à l'époque où il fut nommé à la Cour suprême.

Dans toute sa carrière si laborieuse, il se fit remarquer par un jugement sûr, une science profonde et un sens très pratique des affaires.

Rappelons, en terminant, qu'en 1871 il était appelé à présider le Conseil général de la Meuse, et qu'en 1876 il devenait sénateur.

Au Sénat, il a fait de très intéressants et très utiles rapports sur les questions les plus diverses, entre autres sur le projet de loi relatif aux promotions dans la Légion d'honneur, et la Médaille militaire.

La part qu'il prit aux succès de l'association philotechnique et ses nombreux titres littéraires lui valurent d'être nommé membre correspondant de l'Académie des sciences morales et politiques.

M. Salmon était officier de la Légion d'Honneur.

M. Henri Baudrillart, professeur au Collège de France, faisait aussi partie de l'Institut. Il s'occupait surtout de questions d'économie sociale et financière ; mais son esprit, nourri dans la philosophie et les lettres, et dont la curiosité se portait naturellement aux choses élevées, s'était appliqué à l'ensemble des connaissances humaines. Il avait été élève de Cousin, avant d'être celui de Bastiat et de Michel Chevalier. Ses premiers travaux, aussi remarquables par l'éclat de la forme que par la solidité du fond, ont été présentés à l'Académie française où ils ont obtenu, à trois reprises différentes, le prix d'éloquence. C'était le *Discours sur Voltaire*, l'*Eloge de Turgot*, et l'*Eloge de M*[me] *de Staël*. On voit, dès ce moment, la variété des études auxquelles se livrait M. Baudrillart et la souplesse d'esprit avec laquelle il réussissait dans toutes. Epris d'exactitude et de précision, l'économie politique devint bientôt sa science de prédilection. Il s'y consacra avec ardeur et avec méthode, et il écrivit un nombre considérable de livres et d'opuscules, en tête desquels il faut placer son *Manuel d'Économie politique*, demeuré classique, et son livre sur les *Rapports de l'Économie politique avec la morale*, où il se montrait philosophe en même temps qu'économiste, et mettait en lumière l'harmonie naturelle qui existe entre le bien et le bien-être. Il avait puisé largement dans l'histoire, à l'appui de ses doctrines, car l'histoire est la meilleure, la seule épreuve des théories, et bientôt il se révéla historien consommé. Son *Histoire du luxe privé et public depuis l'antiquité jusqu'à nos jours* est incontestablement une des œuvres les plus savantes et les mieux ordonnées qui aient été écrites dans ces quinze dernières années.

M. Baudrillart a été, de plus, un professeur éminent. Suppléant de Michel Chevalier au Collège de France, il y a été chargé ensuite de la chaire d'histoire de l'économie politique, et nul n'a plus contribué que lui à répandre parmi la jeunesse les principes d'une science qu'il aimait et qu'il possédait admirablement. Toutefois, M. Baudrillart ne s'est pas consacré tout entier à la science pure. Il appartenait encore au ministère de l'Instruction publique comme inspecteur général des bibliothèques de France, et les rapports annuels qu'il adressait au ministre resteront comme le catalogue le plus complet, le plus intelligent et le mieux raisonné de nos richesses littéraires. Enfin, il avait été chargé de nombreuses missions en vue de constater l'état de l'agriculture dans les diverses régions de la France.

L'activité de M. Baudrillart était infatigable et ne reculait devant aucune tâche. Il était de ces hommes d'élite dont le talent s'impose. Votre Société perd en lui une de ses illustrations, et nous nous associons de tout cœur aux vifs regrets que sa mort a causés dans le monde scientifique.

Nous avons à porter d'autres deuils encore.

M. François-Alfred Puton vous appartenait depuis 1876. Vosgien par sa naissance, il a trouvé sa vocation dans ces forêts dont j'ai essayé de vous décrire les beautés, et qui ont attiré tant d'esprits distingués vers l'étude de la nature.

Après avoir rempli les fonctions de garde général en Alsace et en Normandie, il fut nommé, en 1858, sous-inspecteur à Remiremont. Vers cette époque, les travaux de l'administration forestière prirent une activité nouvelle, à la suite de la promulgation de la loi du 7 août 1860, qui avait pour but de favoriser le reboisement. Ces vastes opérations devaient avoir pour effet de rendre à la culture forestière des espaces depuis longtemps improductifs. M. Puton, dans une étude approfondie, traça le programme du reboisement pour la partie montagneuse de l'arrondissement de Remiremont.

Quelques années après, il exposa le résultat de ses expériences et de ses études, comme attaché à la Commission d'aménagement des Vosges, dans un ouvrage original, qui est un précis des règles de la gestion forestière. Ce livre parut alors trop hardi, trop indépendant des théories officielles ; mais l'avenir devait montrer la justesse des vues de l'auteur et l'utilité des méthodes qu'il proposait.

Son activité intellectuelle et la tournure même de son esprit l'entraînèrent vers l'étude des questions de jurisprudence. Bientôt il se distingua dans cette nouvelle spécialité et mérita ainsi d'être appelé à l'école forestière, comme suppléant de M. Meaume. Nommé titulaire, en 1872, il fut le digne continuateur de l'éminent professeur de droit.

M. Puton se fit remarquer dans son enseignement par une méthode savante, une grande clarté d'exposition, la netteté et la précision du langage. Il ne se bornait pas à un exposé de principes et à la discussion des controverses, mais il savait joindre à la théorie de nombreuses explications pratiques, résultat de sa longue expérience.

Ses travaux juridiques lui ont acquis une légitime notoriété.

Ils ont pour objet les problèmes les plus difficiles du droit forestier et témoignent d'une sagacité et d'une sûreté d'appréciation remarquables. Je ne ferai que rappeler certains ouvrages qui s'adressent surtout aux spécialistes. Ce sont : *Les Concessions de mines dans les forêts ; les Forêts et le Code rural ; la Contrainte par corps en matière forestière*.

Une autre dissertation sur l'*Estimation de la propriété forestière* fournit aux agents de l'administration et aux experts les procédés les plus sûrs pour résoudre les difficultés si nombreuses que soulève dans la pratique ce genre d'évaluation.

Dans ses *Leçons sur la Louveterie et la Destruction des animaux nuisibles*, il élucide quelques questions délicates et peu connues, relatives au droit de chasse.

Son *Manuel de législation forestière* est un exposé concis de la doctrine et de la jurisprudence ; il se distingue par la clarté de la méthode et la sûreté des solutions.

L'étude qu'il a publiée sur le *Service des chefs de cantonnement* offre un commentaire détaillé des instructiens spéciales qui interprètent la loi et fixent les attributions multiples des agents de l'administration.

Ne négligeant aucune partie du droit forestier, le savant professeur devait aborder les questions fiscales qui s'y rattachent. Sa brochure, intitulée *De l'impôt foncier des forêts*, donne une méthode simple et applicable à tous les cas pour la fixation du revenu imposable.

Il a, en outre, exposé dans ses *Recherches sur les tarifs des douanes et les produits forestiers* les transformations de l'industrie des bois et les conséquences économiques qui en découlent, et il a indiqué le parti que devait tirer le commerce français des initiatives de l'étranger.

Les nombreux travaux du savant jurisconsulte furent récompensés par sa nomination aux fonctions de directeur de l'Ecole de Nancy, auxquelles se joignait le titre d'inspecteur général. Il avait reçu également depuis quelques années la croix d'officier de la Légion d'honneur.

Notre compagnie s'honore d'avoir pu compter M. Puton parmi ses membres.

Malgré son éloignement et ses multiples occupations, notre éminent confrère était resté profondément attaché aux Vosges. Il fut, avec son parent, le regretté docteur Mougeot, l'un de ceux qui fondèrent à Epinal, en 1884, la Société mycologique de France. Il suivait avec le plus grand intérêt nos travaux, et, en 1887, il insérait dans nos Annales celle de ses œuvres qui présente le plus spécialement un caractère vosgien : *Une étude d'estimation forestière*, très remarquée, *sur le sapin des Vosges*.

Le temps me manque, Messieurs, pour analyser d'autres publications intéressantes dues à cet infatigable travailleur.

Son dernier ouvrage classique, *Le traité d'Economie forestière*, où sont consignés les résultats des observations de toute sa vie, a été longuement apprécié devant vous, l'an dernier, par notre distingué confrère M. Claudot [1].

Les œuvres si importantes qui avaient valu à M. Puton

---

(1) Rapport sur le traité d'économie forestière de M. Puton. Annales de la Société d'Emulation des Vosges, année 1892.

l'une des premières situations dans son administration ont toujours été justement appréciées dans les Vosges, et la foule qui se pressait aux funérailles solennelles qui lui ont été faites dans sa ville natale témoignait hautement de l'immensité des regrets que ce savant laisse dans son pays.

La mort de M. Ernest Gazin devait nous être particulièrement sensible ; nous avons perdu en lui un de nos concitoyens les plus estimés, un de nos confrères les plus aimés. Mais pouvons-nons oublier les liens étroits qui l'unissaient à celui qui préside à nos travaux, et à qui je suis sûr d'être votre fidèle interprète en renouvelant ici l'expression de notre sincère et douloureuse sympathie ?

Sorti, en 1863, de l'Ecole forestière, M. Gazin fut nommé successivement garde général à Etain, sous-inspecteur à Mende, à Beaune, puis à Epinal, où il fut promu inspecteur en 1883. Son mérite professionnel le fit désigner comme membre, et plus tard, comme chef de la Commission d'aménagement des Vosges. Grâce à sa haute culture scientifique, il rendit dans ces fonctions d'importants services, dont il fut récompensé en 1892 par la croix de chevalier du Mérite agricole. Vous l'aviez admis au nombre de vos titulaires depuis 1888, et, voulant répondre à vos sympathies, il se fit un devoir de s'associer immédiatement à vos travaux.

Ses *Considérations sur les forêts vosgiennes* sont encore présentes à votre souvenir. Dans cette brochure fort instructive, il étudie les méthodes savantes d'exploitation, appliquées aujourd'hui par l'administration forestière. Il les compare entre elles et signale les progrès dont elles sont encore susceptibles. La clarté et l'élégance du style ajoutent encore à l'intérêt de ce travail dont la lecture est très attachante.

La place de M. Gazin était marquée dans votre Commission d'agriculture, au nom de laquelle il vous a présenté un rapport très complet et très instructif sur les concours de 1891. Il constate les résultats acquis et trace avec sûreté le programme des réformes à accomplir et des progrès à réaliser.

Notre association fondait sur notre confrère les plus légitimes espérances, et le vide qu'il laisse parmi nous sera difficilement comblé. Tous ceux qui l'ont personnellement connu étaient frappés de la largeur de ses vues et de l'originalité qui se révélait dans ses conversations si attrayantes. Les rares qualités de son esprit, jointes à la bonté et à la franchise de son caractère, faisaient de lui un homme d'un commerce fort agréable et lui avaient valu des amitiés dévouées.

M. Léon Pernet naquit à Vauvillers (Haute-Saône) le 11 avril 1824. Il vint s'établir fort jeune à Rambervillers, comme négociant. Son activité, son intelligence furent appréciées de ses concitoyens, qui l'élurent maire en 1874. La distinction avec laquelle il remplit ces fonctions le désigna bientôt aux électeurs du canton, qui le nommèrent en 1877 membre du Conseil général.

Il prit une part très active aux travaux de cette assemblée, et il dut au bénéfice de l'âge l'honneur de présider la Commission départementale. Les services qu'il rendit dans cette importante situation lui méritèrent la croix de la Légion d'honneur, qui lui fut décernée le 10 juillet 1885.

L'exercice des fonctions publiques l'empêcha de prendre une part active à vos travaux ; mais il sut comprendre l'importance qu'a le développement de l'enseignement primaire pour notre pays, et son influence sur nos destinées futures. A ce point de vue, il était entré dans la voie que vous suivez vous-mêmes, et ses efforts se sont unis aux vôtres. Guidé par cette noble pensée, qui animait l'illustre homme d'Etat que nous regrettons, il a voulu mettre l'enseignement à la portée de tous et assurer ainsi le relèvement des forces intellectuelles et morales de notre patrie.

M. Lucien Humbel, manufacturier à Eloyes, originaire de Schlestadt, appartenait à une famille militaire comme l'Alsace en a tant produit. Fils d'un vaillant officier, il voulut aussi se consacrer au métier des armes. Ses trois frères suivirent la même carrière, et, fait remarquable dans l'histoire de l'armée, tous les quatre servaient comme capitaines pendant la guerre de 1870. Lucien Humbel fut blessé à la bataille de Saint-Privat, à laquelle il assistait comme officier d'ordonnance de notre compatriote le général Colin, de Raon-l'Etape.

Après la paix, il donna sa démission et vint se fixer dans notre pays, à Eloyes, où il prit la direction d'importants établissements industriels. Il sut rapidement se faire une place honorable dans une région où il faut lutter, contre tant de concurrents distingués, et où le succès dépend toujours de progrès incessants. Il était aimé par le nombreux personnel d'employés et d'ouvriers qu'il avait sous ses ordres. Il considérait la pratique de l'industrie comme une autre manière de servir son pays, et il remplit ses devoirs difficiles avec la ferme bonté, la loyauté parfaite et la distinction d'esprit qui l'avaient fait si vivement apprécier dans l'armée.

M. Barbier, receveur de l'enregistrement, était une physionomie sympathique et bien connue du public spinalien. Il entra de bonne heure dans l'administration, où il devait accomplir une honorable carrière. Après avoir pris une part active à la constitution du Domaine public en Algérie, il vint se fixer dans sa ville natale ; il y a laissé le souvenir d'un fonctionnaire zélé, instruit et consciencieux.

La mort nous a encore enlevé M. Henri Mougeot, ingénieur civil, industriel à Laval, fils et petit-fils des célèbres botanistes Antoine et Jean-Baptiste Mougeot;

M. Boucher de Molandon, homme de lettres, membre correspondant de l'Institut, que ses savantes et patriotiques études sur Jeanne d'Arc rattachaient tout spécialement au département des Vosges.

J'aurais terminé, Messieurs, ce triste chapitre, s'il ne me restait à vous parler d'un de vos concitoyens sur lequel la tombe s'est fermée depuis peu.

M. Félix Maud'heux, avocat à Epinal, était une personnalité marquante de notre région. Son éloquence et sa science juridique lui avaient ouvert les portes de votre Société, où il entrait en 1854 comme membre titulaire. Vous l'avez chargé à plusieurs reprises du compte-rendu annuel de vos travaux ainsi que du rapport sur vos concours littéraire, artistique et industriel, et dans l'accomplissement de cette tâche il montra de rares qualités d'écrivain. Il a publié aussi dans vos Annales d'intéressantes notices biographiques sur plusieurs de vos anciens collègues, parmi lesquels on peut citer au moins Boulay de la Meurthe et MM. les docteurs Drapier et J.-B. Mougeot.

Depuis longtemps, le soin des nombreuses et importantes affaires, qui lui étaient confiées, l'obligea de renoncer à fréquenter vos séances; mais, ne perdant jamais de vue le but que vous visez vous-mêmes, il consacra la plus grande partie de sa vie au développement de l'instruction publique.

Dès 1858, il s'occupait à la fondation de cours d'adultes, contribuant de son temps et de ses deniers à la prospérité de ces cours, qui ont toujours réuni de nombreux élèves. Aussi, quelques années plus tard, le gouvernement lui décernait-il les palmes d'officier d'Académie.

Ce n'est pas seulement dans le domaine de l'enseignement que M. Maud'heux a rendu des services; pendant vingt-huit ans il a rempli les fonctions de président du Comice d'Epinal, avec une compétence et un zèle incontestés. Il participa à l'enquête agricole faite dans les Vosges en 1866 ; son dévouement à toute épreuve lui fit employer le meilleur de son talent, de son intelligence et de son activité à nos intérêts ruraux. Il les défendit surtout dans les concours régionaux et à l'Exposition universelle de 1889 où, grâce à lui, le Comice d'Epinal remporta une médaille d'or. On sait enfin sa collaboration à l'enquête sur les tarifs douaniers. La croix de chevalier du Mérite agricole et celle de chevalier de la Légion d'honneur furent la récompense légitime des services que M. Maud'heux a rendus à l'agriculture.

Des voix plus autorisées que la mienne ont rappelé sur sa tombe la situation qu'il occupa pendant quarantes années au barreau de notre ville. Je ne parlerai donc pas de son renom comme avocat et comme jurisconsule. Il me suffira de vous dire que sa parole claire et sobre était à la hauteur des plus grandes causes ; aucun ne savait argumenter avec une logique plus ferme, développer ses moyens de défense avec plus de lucidité. Le suffrage de ses confrères lui conféra à plusieurs reprises le bâtonnat, et cet honneur était décerné à l'homme autant qu'à l'avocat que nul ne surpassait en dignité de caractère.

Le souvenir d'une existence aussi bien remplie vivra toujours parmi vous, pour qui M. Maud'heux restera l'image du travail, de la droiture, du savoir et du talent.

Il est, Messieurs, d'autres séparations qui, pour être moins absolues, nous sont cependant très pénibles.

Un de vos membres titulaires, M. Volmerange, inspecteur-adjoint des forêts, a quitté notre département pour occuper les mêmes fonctions à Commercy. Au cours de vos séances, où il se montrait très assidu, vous avez pu apprécier son rare mérite et son concours éclairé.

Vous n'avez point oublié le rapport remarquable qu'il a présenté l'année dernière au nom de votre Commission d'agriculture. Dans ce travail, rempli de vues personnelles, il a su réunir avec beaucoup de talent l'agrément de la forme à l'intérêt scientifique.

La Société avait depuis longtemps reconnu les services de notre confrère, en lui confiant les fonctions de secrétaire-adjoint et celles de bibliothécaire.

Un autre départ non moins sensible a été celui de M. l'inspecteur d'académie Thouvenin, que j'ai été personnellement heureux de retrouver dans cette assemblée, quelque vingt ans après l'avoir connu et aimé au lycée de Nancy, où j'ai eu la bonne fortune d'être son élève. Son esprit si fin et si élégant, sa manière de dire si originale, ses vues si pénétrantes sur les choses et sur les hommes, sans doute, nous étions bien jeunes pour les apprécier déjà à l'époque lointaine dont je vous parle, et je pense avec regret et contrition à tous ces trésors d'un maître supérieur à ses fonctions, prodigués par lui et gaspillés par des élèves de cinquième. Mais vous, Messieurs, vous avez goûté et savouré sans en perdre un trait ce talent charmeur. Qui de vous n'a encore présent à la mémoire ce discours exquis, local s'il en fut celui-là, sur *Les gens d'Epinal*, d'après une œuvre charmante d'un autre membre de la Société, M. Bourgeois. Ce travail d'un confrère sur le livre d'un autre confrère fut doublement pour vous une fête de l'esprit.

En MM. Volmerange et Thouvenin vous perdez deux de vos titulaires dévoués. Heureusement, nous avons la consolation de nous dire qu'ils nous restent attachés comme membres correspondants et qu'à ce titre leur collaboration nous est toujours acquise.

Tels sont, Messieurs, les vides que la mort ou l'absence ont causés dans vos rangs et que la sage prévoyance de vos choix s'est appliquée à combler.

C'est avec empressement que vous avez accueilli la candidature de M. Poirson, juge d'instruction à Epinal.

Les ouvrages de notre nouveau confrère sont si nombreux que je ne puis, dans le cadre restreint de ce discours, donner à leur étude tout le développement dont ils seraient dignes. J'essayerai pourtant de vous faire connaître les plus importants parmi ces travaux.

Vous avez su apprécier l'homme instruit, éclairé, laborieux que vous vous êtes associé. Je n'en veux pour témoignage que les suffrages par lesquels vous l'avez placé immédiatement au rang des titulaires.

Philosophe, moraliste, jurisconsulte, littérateur, poète, compositeur et critique musical, M. Poirson s'est essayé dans tous les genres, avec une égale compétence et un égal succès.

Dans son ouvrage sur *Le Polythéisme juif et chrétien*, notre confrère étudie les origines de deux religions, leurs transformations, les liens qui les unissent. Il a appliqué à l'étude des textes anciens de remarquables facultés d'analyse. Dépassant ensuite les limites de l'exégèse, il nous présente, en des pages d'un intérêt attachant, les conclusions philosophiques qui se dégagent de ses recherches.

Une œuvre plus importante intitulée : *Prolégomènes du dynamisme absolu* constitue un système complet de philosophie. L'auteur a su exposer, avec une clarté parfaite et une remarquable logique, les idées essentielles de la métaphysique leibnitzienne, mais en y ajoutant des conceptions d'une réelle originalité. Nous regrettons que ce travail soit encore manuscrit, et nous prions instamment notre confrère de le livrer à la publicité.

Les problèmes de la philosophie morale l'ont également sollicité. Il leur consacre deux ouvrages. Le premier a pour objet *Les Questions de morale sociale*. Il est destiné aux maîtres chargés d'un enseignement qui figure depuis quelques années au programme de nos lois scolaires et a pour but de les aider dans leur nouvelle mission.

Le second est un *Manuel de morale élémentaire*, en vue des élèves de nos écoles primaires. Ce traité, couronné par la Société pour l'instruction élémentaire, sera lu avec fruit par les lettrés.

Les malheurs de notre patrie ont conduit M. Poirson à porter ses méditations sur la philosophie de l'histoire. Dans son livre intitulé : *De la Politique française*, publié en 1884, il dégage, à l'aide des leçons du passé, le principe auquel est due la prospérité de certaines nations, notamment de l'Angleterre et de la Prusse. Il nous présente leur développement comme le résultat de cet esprit de suite, de cette marche patiente et constante vers un but précis qui devait les amener, par des progrès lents et méthodiques, au faîte de la grandeur. A côté de ces considérations si frappantes, figure le chapitre des variations et des incertitudes trop fréquentes de la politique française. L'auteur est amené ainsi à rechercher les institutions qui pourraient assurer à notre pays une politique stable et en rapport avec ses destinées naturelles. Les dernières pages de ce livre si attachant ont pour objet les revendications que notre pays a le droit et le devoir de ne jamais abandonner. Verrons-nous ce triomphe de la patrie française ? M. Poirson l'espère, et termine, en quelques phrases d'une éloquence élevée, par un appel au patriotisme que nos malheurs ont réveillé et qui seul peut nous enseigner « cet amour de la vraie gloire qui fait les citoyens et les héros. »

Jurisconsulte, M. Poirson se signale à vous comme

l'auteur d'une étude publiée en 1880 sur *La Réforme de la législation des justices de paix*. Remplissant alors les fonctions de juge de paix à Rambervillers, il était bien placé pour traiter ce sujet, qui préoccupe toujours l'opinion publique. Ce travail, écrit sous la forme d'une pétition adressée au Sénat et à la Chambre des députés, renferme un grand nombre d'idées neuves et qui, depuis, dans leur généralité, ont été adoptées par tous ceux qui ont voulu faire aboutir cette importante réforme législative.

Quelques années auparavant, notre confrère avait rédigé, dans le *Manuel des candidats au volontariat d'un an*, un exposé clair et précis de la législation commerciale.

Je n'ai point ici, Messieurs, à parler des mérites du magistrat ; mais je ne puis passer sous silence un procès criminel dans lequel M. Poirson, alors juge d'instruction à Briey, a montré qu'il réunissait, au plus haut degré, les qualités rares qu'exigent ces délicates fonctions. L'affaire du douanier Meunier, accusé de triple assassinat et d'incendie, a pris rang parmi les causes célèbres. La science du moraliste, habitué à rechercher les mobiles cachés des actions et leur enchaînement, a servi le magistrat dans cette longue et laborieuse instruction couronnée par les aveux de l'accusé.

L'énumération des œuvres littéraires de M. Poirson serait longue encore, mais je me borne à vous citer un drame en vers, *La mort d'Attila*, et des fragments critiques et philosophiques intitulés : *Au coin du feu*.

Une étude sur *Hérold et la musique française* le recommande à vous comme critique artistique. Par ce temps de wagnérisme à outrance, il est consolant de voir qu'on sait encore rendre justice aux harmonies éternellement jeunes de notre musique française.

Enfin, nous lui devons aussi un opéra comique ayant pour titre *Une partie de dominos*, représenté au théâtre de Nancy, et de belles et savantes compositions pour piano et violon.

En accueillant M. Pucelle, agent-voyer en chef, vous retrouviez un des vôtres. Notre nouveau confrère, après avoir fait de solides études au collège d'Epinal, a été nommé surnuméraire dans cette ville. Il a rempli successivement les fonctions d'agent-voyer cantonal à Châtenois et d'agent-voyer d'arrondissement à Neufchâteau. Ses services administratifs importants lui ont valu sa nomination au poste d'agent-voyer en chef de notre département.

Il augmentera l'intérêt des travaux de notre Société en y apportant sa part personnelle.

M. le docteur Legras est aussi l'un des élèves de ce collège d'Epinal, qui a produit tant de sujets distingués. Ses anciens professeurs, dont plusieurs m'écoutent en ce moment, se rappellent la récompense qu'il a obtenue, en 1883, au Concours général entre tous les collèges et lycées de France.

Obéissant à des traditions de famille, notre confrère devait se vouer à la profession médicale. Il fit ses études à Paris, où il obtint le titre d'externe des hôpitaux. Il exerça pendant trois ans ces fonctions d'élite, où le jeune médecin se forme à la pratique de son art, par l'étude des cas les plus difficiles qu'offrent les cliniques de nos grands hôpitaux.

M. Legras a terminé ses études en présentant à la faculté de Paris une thèse remarquable, dont je dois essayer de vous entretenir en quelques mots.

Cette thèse intitulée : *De l'excision et de la suture des fistules anales*, est un travail d'un grand intérêt, qui fait connaître les progrès de la chirurgie dans le traitement d'une infirmité grave, d'une maladie qui menace la vie. Des observations, recueillies avec soin, forment la base de ce travail. Une opération difficile a été dépouillée de son péril, par l'application de l'antisepsie. Grâce à des procédés nouveaux, on a aujourd'hui l'assurance d'une guérison rapide et sûre.

Un historique détaillé fait connaître les progrès de la science, les noms des auteurs qui y ont coopéré, les modifications diverses des procédés, l'influence prépondérante de l'antisepsie et de l'asepsie, qui permettent aujourd'hui l'application de méthodes considérées autrefois comme téméraires ou impossibles. Une statistique étendue, des observations détaillées constatent le succès de ces opérations.

Les remarques qui précèdent suffisent pour mettre en évidence la valeur scientifique et l'utilité pratique d'un travail qui fait le plus grand honneur à notre nouveau confrère.

M. Vallois, licencié en droit, contrôleur des contributions directes, s'est acquis dès son arrivée dans notre ville toutes les sympathies. Nous savons avec quel zèle et avec quel tact il gère les intérêts importants qui lui sont confiés. Très apprécié dans une administration qui renferme tant de fonctionnaires d'un haut mérite, sa place était marquée parmi vous.

M. Tourdes, juge d'instruction au tribunal de Saint-Dié, appartient à une famille alsacienne qui compte plusieurs membres distingués. Son père, ancien professeur à la faculté de médecine de Strasbourg et doyen honoraire de la faculté de Nancy, s'est acquis dans la médecine légale une juste célébrité. Les thèses de licence de notre nouveau confrère sur *La Loi Falcidie*, en droit romain, et, en droit français, sur *La Réduction des donations et des legs*, ont été l'objet d'une note élogieuse à la faculté de droit.

En admettant M. Tourdes parmi vos associés, vous avez rendu hommage au magistrat laborieux et instruit, au lettré fin et délicat qui deviendra assurément pour vous un collaborateur précieux et dévoué.

M. Amann doit sa réputation de sculpteur à de nombreux travaux dont on admire la finesse et l'élégance. L'habileté de son ciseau a contribué au succès artistique du monument que la Commission départementale de météorologie a fait ériger sur notre promenade du Cours.

Vous avez voulu consacrer par vos suffrages le mérite de l'homme de talent, du lauréat de l'exposition industrielle de 1888 et de votre Commission des Beaux-Arts, qui lui a décerné l'année dernière une médaille de vermeil.

Il me reste à vous parler de vos quatre derniers élus, pour clore la liste de vos nouvelles admissions. J'ai quelque peur d'avoir fatigué votre patience en allongeant inutilement mes souhaits de bienvenue ; mais il n'est pas juste que les derniers arrivés portent la peine encourue par votre nomenclateur, et, dussé-je aggraver mon cas, permettez-moi d'abuser encore de votre bienveillante attention.

L'Administration forestière a toujours tenu à être représentée dans notre Société, aux travaux de laquelle elle a pris une part considérable. M. le conservateur Mongenot a bien voulu continuer cette tradition, en devenant l'un des nôtres.

Sorti avec le numéro un de l'Ecole forestière, notre nouveau confrère obtint rapidement ses premiers grades. Après avoir collaboré à d'importants travaux d'aménagement dans les départements du Doubs, du Jura et de l'Ain, il fut appelé, en qualité d'inspecteur, à l'administration centrale ; il ne quitta ce poste que pour occuper celui de conservateur, d'abord à Grenoble, puis bientôt à Epinal. M. Mongenot a publié le résultat de ses recherches personnelles dans deux ouvrages également appréciés, l'un intitulé : *Etude sur l'accroissement des forêts*, et l'autre traitant des *Tarifs du cubage*.

La Société a le secret espoir qu'il ne tardera pas à

enrichir vos Annales du produit d'autres travaux sur la valeur desquels vous n'avez pas de doute.

Nous sommes aussi assurés du précieux concours de M. Jolly, inspecteur-adjoint des forêts à Epinal, qui nous apportera l'utile appoint de ses connaissances spéciales en agriculture. Nous avons la conviction qu'il accomplira la brillante carrière que font présager ses heureux débuts.

M. le docteur Barbier, parisien d'adoption, quoique vosgien de naissance, n'est pas un inconnu pour vous. Il vient occuper la place laissée vacante par la mort de son père, et perpétuer dans vos Annales un nom qui vous est cher.

Il commença, en 1878, ses études médicales à la faculté de Nancy et, dès le début, il donna la preuve de son aptitude et de son goût pour le travail. Il obtint au concours de 1879 une médaille d'argent pour les sciences physiques et chimiques, et à celui de 1880 une mention honorable pour l'anatomie et la physiologie.

M. Barbier continua alors ses études à la faculté de Paris, où de nouvelles distinctions lui furent accordées, entre autres celle d'interne des hôpitaux. Vous n'ignorez pas quels efforts sont nécessaires pour emporter au concours ces places si recherchées par les jeunes gens studieux. La plus grande partie de son internat s'est passée à l'hôpital des enfants malades. Attaché au service spécial et isolé de la diphtérie, il sut recueillir des faits intéressants et nombreux qu'il réunit dans sa thèse inaugurale intitulée : *Etude clinique de l'albuminurie diphtérique et de sa valeur séméiologique*. Ce travail important a été présenté à l'Académie de médecine et y a obtenu une honorable récompense le 13 décembre 1892.

Rappelons encore d'autres travaux dus au docteur Barbier : *Une observation d'hémorrhagie intestinale dans un cas de cirrhose* ; des notes sur la *Névrite scia-*

tique, sur la *Contracture resultant d'un traumatisme*, sur la *Suture des tendons ;* des recherches relatives aux *Accidents laryngés*, au *Cancer de l'amygdale*, aux *Embolies multiples*.

Nous appellerons surtout l'attention sur un *Traité de la rougeole*, ouvrage complet et approfondi, qui fait partie de la bibliothèque médicale. On y remarque l'historique de cette maladie qui apparaît tout à coup en Europe, dans le VIIIe siècle, en même temps que la variole. La description fait connaître toutes les phases, toutes les formes de l'affection, avec ses accidents primitifs et secondaires, sa prophylaxie et son traitement.

Tels sont les titres de notre nouveau confrère. Ces titres, il les accroîtra encore pour le plus grand profit de la science et pour la renommée de votre Compagnie.

Enfin, votre choix s'est porté sur M. Camille Krantz, député des Vosges ; personne ne pouvait en être plus digne. Issu d'une vieille et nombreuse famille vosgienne, notre nouveau confrère a fait ses études au lycée Louis-le-Grand, où il obtint de nombreux succès. Il entra ensuite à l'Ecole polytechnique, et fut nommé ingénieur des tabacs.

Il était attaché à la manufacture du Gros-Caillou, à Paris, quand éclata la guerre de 1870. Il prit part comme officier d'artillerie à la défense de nos Vosges. Avec Bourras, on le trouve à Raon-l'Etape, à la Bourgonce, puis à Epinal, à Bruyères. Devant le danger, M. Krantz se distingue aux premiers rangs par sa froide énergie et son intrépidité. Pendant ce temps, son père, patriote et républicain, était emmené comme otage par les Allemands et interné à la prison de Nancy. L'envahisseur pressant sa marche, nos troupes reculent ; mais notre nouveau confrère se bat encore à Beaune-la-Rolande, à Héricourt, d'où il se retire en Suisse avec notre armée de l'Est vaincue. L'inactivité lui pèse, il a refusé de signer le revers ; il s'évade et gagne

Lyon, Grenoble, puis il est envoyé à Rennes. La signature de l'armistice met seule fin à sa rude campagne.

Rentré dans l'administration, M. Krantz se livre à une étude complète du droit administratif. Bientôt il supplée M. Aucoc dans la chaire de législation à l'Ecole des Ponts-et-Chaussées.

En 1876, son oncle, M. Jean Krantz, sénateur inamovible, commissaire général de l'Exposition organisée pour 1878, le choisit comme chef de cabinet. Ses rares aptitudes, sa féconde activité lui valurent d'être récompensé par le gouvernement, qui le nomma chevalier de la Légion d'honneur.

M. Camille Krantz se tourna alors vers le Conseil d'Etat, où sa compétence fut hautement appréciée, d'abord comme auditeur, puis comme maître des requêtes. Il résigna ses fonctions au lendemain du jour où la confiance des électeurs de la première circonscription d'Epinal l'envoya siéger à la Chambre des Députés. Il a été réélu au mois d'août dernier.

Tout récemment, son expérience des expositions, sa connaissance de la langue anglaise le firent choisir par le gouvernement de la République pour représenter la France à l'exposition universelle de Chicago. Vous savez, Messieurs, de quelle façon distinguée, en des circonstances difficiles, notre concitoyen a accompli sa mission. On peut dire hardiment que le commissariat général français a tenu la première place.

Aux diverses connaissances que je viens d'énumérer, M. Camille Krantz joint une compétence précieuse en matière agricole. Sur son domaine de Dinozé, il a fait de nombreuses et utiles expériences. Aussi le suffrage des agriculteurs l'a-t-il porté à la présidence de trois sociétés agricoles : la Société des engrais chimiques de Girecourt, le Syndicat et enfin le Comice, où il succède à notre regretté confrère Félix Maud'heux.

En ce temps, où la science est devenue un si puissant facteur de la prospérité publique, M. Krantz, dont l'esprit a été trempé par de fortes études, aidera mieux que personne au relèvement de notre agriculture vosgienne. Il a déjà rendu beaucoup de services à son pays natal et certainement il en rendra encore.

En demandant une place au milieu de vous, M. Krantz a voulu s'attacher par un lien de plus à sa circonscription d'Epinal. Rien de ce qui est Vosgien ne lui reste étranger, et s'il a considéré comme un honneur de faire partie de notre Société, je crois pouvoir lui dire en terminant, au nom de tous, que l'honneur qu'il nous fait est au moins égal à celui qu'il reçoit.

C'est ainsi, Messieurs, que vous êtes heureux d'accueillir tous ceux qui viennent à vous avec le bon renom de goûts élevés et de vie studieuse qui les recommandent à votre choix. Confiants dans l'avenir, vous continuerez à favoriser le culte désintéressé de la science, la recherche assidue de la vérité qui n'est, au fond et sous sa forme la plus pure, que l'amour même de notre chère Patrie.

www.ingramcontent.com/pod-product-compliance
Ingram Content Group UK Ltd.
Pitfield, Milton Keynes, MK11 3LW, UK
UKHW021645260726
13994UKWH00003B/1292